U0118624

ビジネス思考法使いこなしブック

解決問題的三大思考法

交叉使用邏輯思考、水平思考和批判性思考，快速破解各種職場難題

吉澤準特 著 張禕諾 譯

前言

在我的上一部作品——《熟練掌握思考框架》中，我詳細說明了商務中經常用到的思考框架，並介紹了類似的思考框架。

思考框架讓我們的工作更加有效率，只要加以活用，就能大大縮短工作時間。因為希望能夠幫助大家利用閒暇時間拓展自己的事業，或是多做一些自己喜歡的事情，所以出版了這本書。此書發行後，陸續收到一些讀者回饋，讓我有了這樣的想法：

「思考框架的使用方法固然重要，但如果我們不能有系統地理解它的前提——思考方式，我們還能充分享受思考框架帶來的效率嗎？」

非常遺憾，憑鄙人的前作很難讓大家系統地學習思考發散的模式，徹底活用思考框架，為此，希望大家能夠基於以往的經驗來加以理解。

目前，以系統來介紹邏輯思考、水平思考、批判性思考的書籍並不多，相信本書對那些想要學習商務思考方法基礎及應用的人會有所幫助。

最後，由衷感謝犧牲了無數假期給予我支持與鼓勵的妻兒，以及在緊湊的行程中一直幫助我的久保田編輯。

吉澤准特

2012年7月

幫助你快速
掌握本書內容

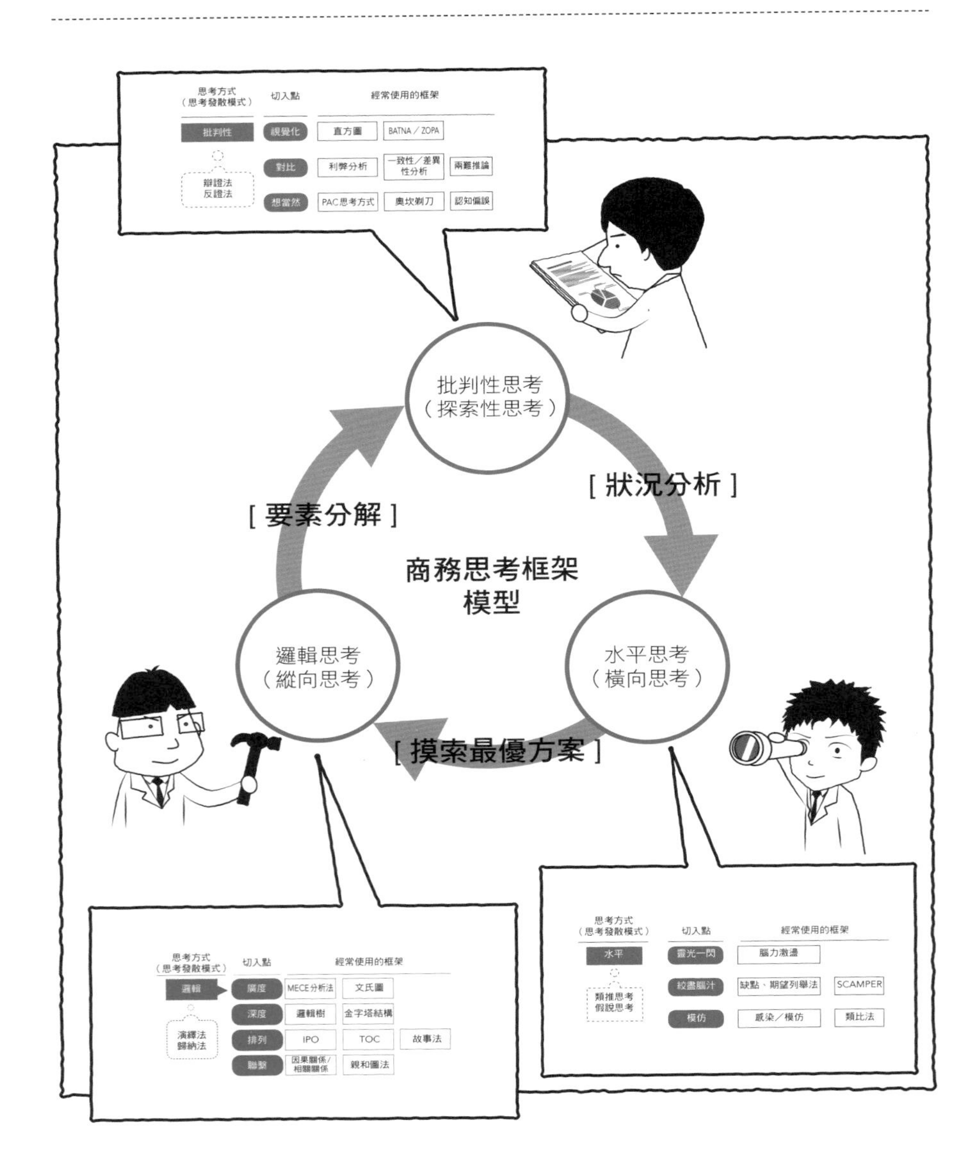

本書構成與閱讀方法

本書透過序章以及之後的4個章節分別介紹邏輯思考、水平思考、批判性思考。為了讓我們清楚了解這三大思考法的區別，序章準備了一個小案例。在此基礎上，第1章展示了思考方式的體系，第2章透過案例分析基本篇，說明如何實踐並靈活運用這些思考方式。第3章具體解說思考法的工具，最後在第4章的案例分析應用篇中，介紹一些可以實踐的使用方式。

因為每一章節都涉及邏輯思考、水平思考以及批判性思考，所以只要能有意識地區分、比較它們之間不同的思考發散方式，就能更快掌握這三大思考法。

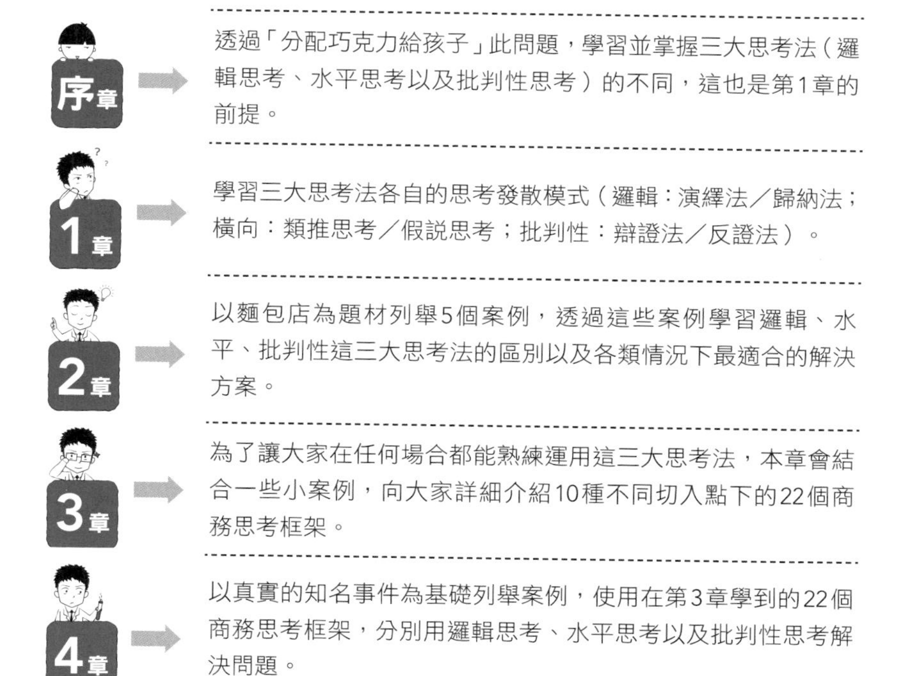

目錄

contents

序章

了解解決問題的思考方式

第1章

問題解決的王道

第2章

案例分析基本篇（使用不同的思考方式解決問題）

第3章

職場常用的商務思考框架

第4章

案例分析實踐篇（學習知名案例）

幫助你加深理解的
出場人物與背景

想要迅速掌握這三大思考法，就需要實際應用。像學習課本那樣只記憶理論是行不通的，因此本書第2章與第4章都是案例分析。在第3章中，為了清楚介紹整個思考過程，會頻繁出現一些商務思考框架，也會使用小例子說明。

為了讓這些框架相互關聯且容易聯想，本書所有的案例都建構在同一個背景中。

東麥夫

隸屬於NICE HARVEST公司的麵包事業部企畫部。和新人相比略有一些經驗，性格堅忍，遇到不懂的事情勇於挑戰。擅長邏輯思考。

NICE HARVEST公司

麥夫就職的綜合食品生產公司。最近麵包事業部成為公司的事業中心，合作店鋪的麵包銷售比重越來越大。直營店則是直接銷售新鮮出爐的麵包，提高公司的品牌形象。

瀨左見芝麻彥

隸屬於NICE HARVEST公司的麵包事業部企畫部，與麥夫同期進入公司。他有著可愛的面貌、狂野的髮型以及勇敢活潑的個性。每當面對小照前輩，就會展現出溫和的一面。擅長水平思考。

山型照也（小照前輩）

隸屬於NICE HARVEST公司的麵包事業部企畫部，是麥夫和芝麻彥的前輩。與容易衝動行事的麥夫與芝麻彥相比，是個能夠做到冷靜思考的好人。擅長批判性思考。

各式各樣的麵包

NICE HARVEST公司的麵包事業部裡有各式各樣的麵包，比如美容麵包、大口麵包、蛋糕卷等既有趣味性又美味的麵包，它們將在接下來的案例中出現並考驗你的思考能力。

序　章

了解解決問題的思考方式

本章透過「分配巧克力給孩子」這一問題，學習並掌握三大思考法（邏輯思考、水平思考以及批判性思考）的不同，這也是第1章的前提。

第1章　問題解決的王道

第2章　案例分析基本篇　使用不同的思考方式解決問題

第3章　職場常用的商務思考框架

第4章　案例分析實踐篇　學習知名案例

如何做到公平分配？

馬上進入問題

你去拜訪一位朋友。

過了一陣子，準備離開時，朋友對你說：「我從關島買了一些巧克力，帶回去給你的小孩吃吧。」就給了你9塊同等大小、獨立包裝的巧克力。

但是，你有4個活潑的兒子，無法將9塊巧克力平均地分給他們。就這樣把9塊巧克力帶回家的話，很可能會引起爭執。

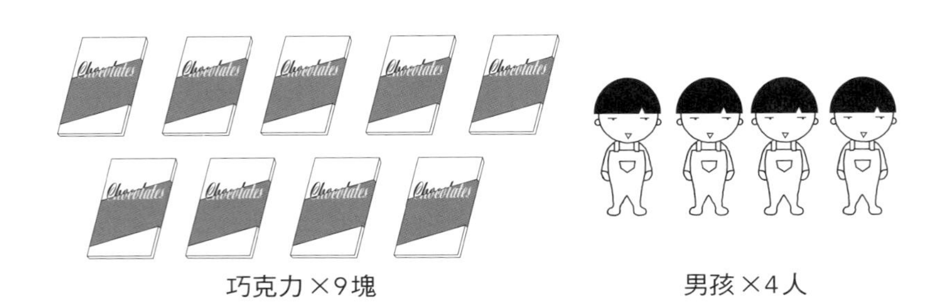

巧克力×9塊　　男孩×4人

如何才能避免爭吵，平均地把巧克力分給4個小孩呢？

麥夫的想法：把多出來的巧克力平均分成4份

如果想要把9塊巧克力平均地分給4個人，我們可以不用想得那麼複雜。先分給每個人2塊，然後再把多出來的巧克力橫豎各切一刀，平均分成4份，這樣就可以做到平均分配。

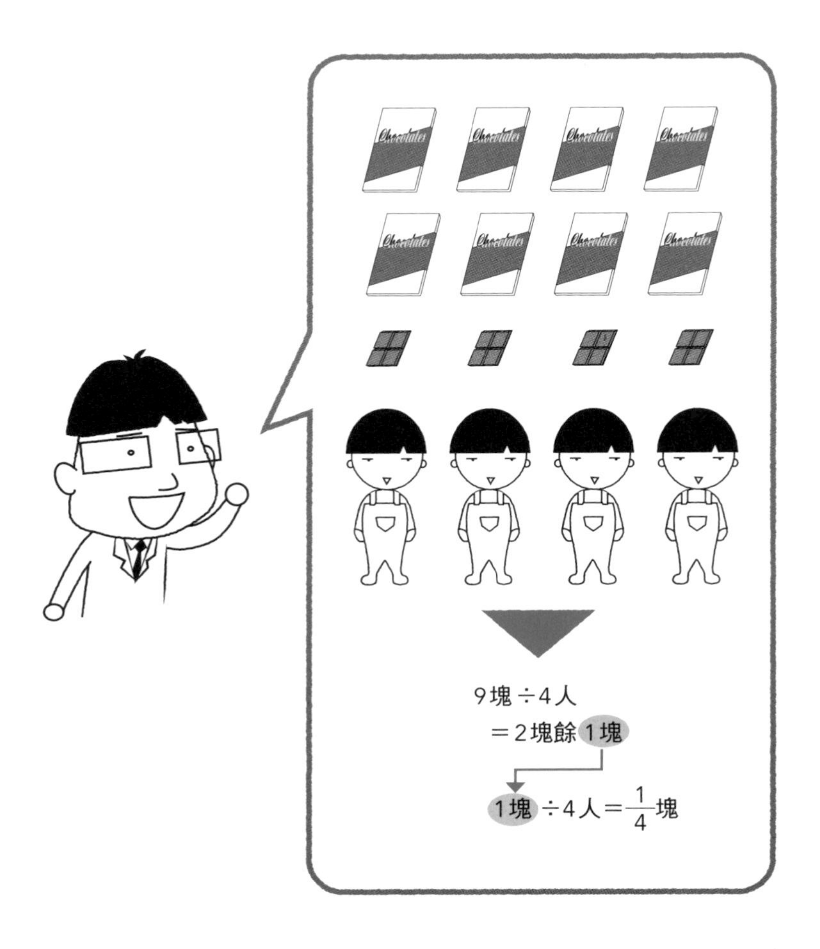

每個人分到：2塊＋$\frac{1}{4}$塊

芝麻彥的想法：靈活的想法——融化後分成4等份

既然一塊塊地分會有多餘的，那麼我們為何不先將所有的巧克力匯總起來，然後再平均分配呢？只要將巧克力全部加熱融化，再準備4個杯子，分別注入等量的熱巧克力，就可以做到公平分配。

每個人分到：$\frac{9}{4}$塊（一杯的量）

小照前輩的想法：為了分配方便，可以減少巧克力的數量

雖然題目要求把巧克力平均分給4個人，但並沒說要把「9塊巧克力全部」分配出去，所以，我們只要當作只有8塊巧克力，然後各分2塊給每個人，就可以簡單地完成分配了。

因為孩子們並不知道一開始總共有幾塊巧克力，所以可以認為分配是公平的。

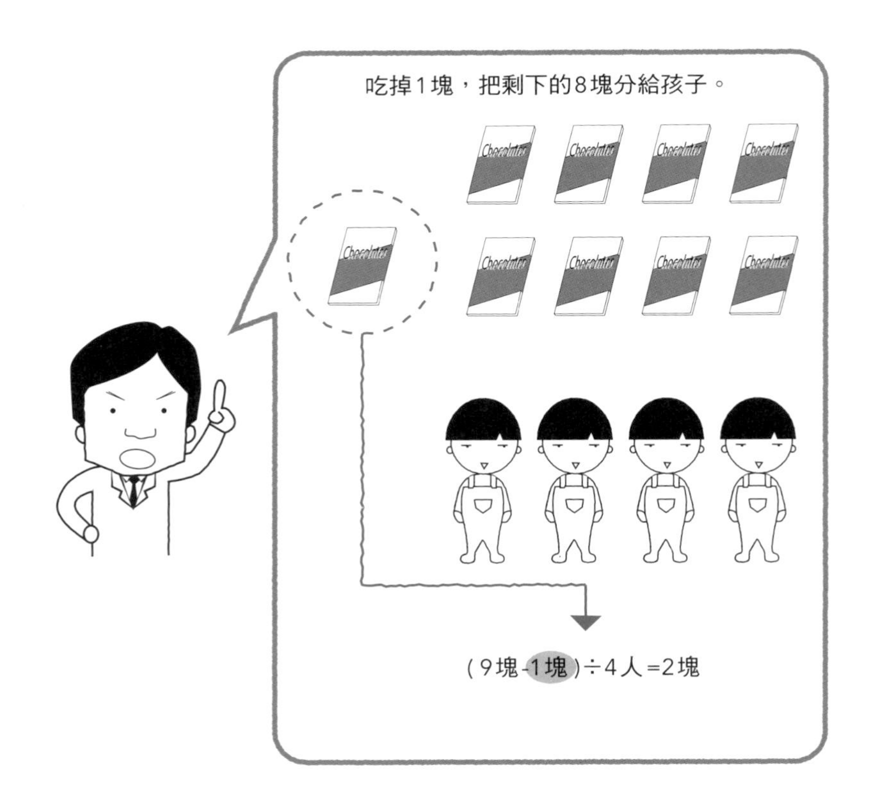

每個人分到：2塊

 不同的思考方式

剛剛介紹了三種巧克力的分配方法。你最先想到的方法更偏向於哪一種呢？

這三大思考法各具特點，如果簡單地分類，那麼可以說麥夫採用的是「邏輯思考」，芝麻彥採用的是「水平思考」，而小照前輩則採用了「批判性思考」。

隨著「知識庫」（Knowledge base）「費米問題」[1]（Fermi problem）等說法的流行，這種把一個複雜的問題抽象化、圖表化，將其分解成多個相對容易解決的小問題，最後再有邏輯地逐一擊破的方法也逐漸為人們熟知。其實這就是邏輯思考。

但是，並不是所有問題都能透過正面進攻解決。有時我們需要從多個不同角度掌握周圍的情況，甚至需要質疑問題的大前提是否正確。

需要在短時間內做出精準判斷的「籃中演練」[2]（in-basket exercise）、從無到有的「創造性思考」、縱觀全域的「後設認知思考」等，都是解決難題的思考方式。但其中最簡單、最基本的就是重視靈光一閃的「水平思考」和直擊事物本質的「批判性思考」。

講到這裡，如果還有讀者覺得大腦比較混亂、掌握不到具體的形象，或是道理都明白但不懂實際的使用方法，就可以從認真閱讀第1章開始，先來了解邏輯思考、水平思考與批判性思考之間的區別。

如果你覺得自己已經明白了它們之間的差異，就可以直接從第2章開始閱讀，這樣會更有效率。

1　編按：將看似無法估算的問題，以條件假設、經驗分析，推算出答案，以此訓練思考能力。如知名問題「芝加哥有多少位鋼琴調音師」。

2　編按：隨機抽取出待處理事件，在一定時間內想出解決辦法，以此訓練員工能力。

第1章

序章　了解解決問題的思考方式

問題解決的王道

本章將學習三大思考法各自的思考發散模式（邏輯：演繹法/歸納法；水平：類推思考/假說思考；批判性：辯證法/反證法）。

第2章　案例分析基本篇　使用不同的思考方式解決問題

第3章　職場常用的商務思考框架

第4章　案例分析實踐篇　學習知名案例

1-1 三大思考法的基本思路

邏輯思考並不是萬能的

一說到思考方法，大部分人都會聯想到邏輯思考。這種思考法非常基礎，有邏輯性且思路明確，不僅經常運用於商務世界，也在社會生活中廣泛使用。

但是，邏輯思考並不是萬能的。這個世界上還有很多無法從正面解決，需要轉換想法才能解決的問題。只有當我們突破邏輯束縛、努力探尋史無前例的新想法，不囫圇吞棗，學會提出質疑並加以驗證的時候，我們才能100%地活用邏輯思考，解決各種情況下的難題。

這就是解決問題的王道，而支撐它的是三個最基本的思考法。

※很多書籍雖然明確區分了邏輯思考與水平思考的區別，但對批判性思考的劃分並不清晰。本書把批判性思考界定為「直擊事物本質的思考方式」。

解決問題最基本的三大思考法

邏輯思考
（垂直思考）

邏輯思考是指將事物的各個要素有邏輯地分解的垂直思考方式。當面對一個龐大而複雜的問題時，我們通常會從「如何用簡單的單位來劃分問題」開始，一步步展開思考。具體的方法有演繹法與歸納法。

演繹法　歸納法

水平思考
（橫向思考）

水平思考會把目光集中在解決問題的多樣性上，然後從中選出最優方案。使用這種思考方式時，我們會考慮各種可能性，比如「有沒有更簡單的解決方法？」「如果遇到類似的案例，我該怎麼做？」具體的方法有類推思考與假說思考。

類推思考　假說思考

批判性思考
（探索性思考）

批判性思考是一種質疑現狀，從Why／So What這兩個方面入手，先想清楚真正要達到的目的，再去尋找解決方案的探索性思考。在已知的前提下思考「問題的本質到底是什麼？有沒有更具實踐性的做法？」並在已知資訊基礎上自主地確立課題。具體的方法有辯證法與反證法。

辯證法　反證法

1-2 邏輯思考是什麼?

演繹法與歸納法——兩種思考方法

請大家回想一下在序章中，麥夫面對巧克力分配問題時給出的答案。他先把要分配的物件——巧克力分解成一個個的要素，然後再平均分配。

每個人分到：2塊 + $\frac{1}{4}$塊

浮現在麥夫腦海裡的，是一種「把固體切開分配」的慣性思考。比如，蛋糕店裡經常能看到的切片蛋糕，就是從一整個圓形大蛋糕中切出來的。透過這種切分，人們可以買到一人份的蛋糕，這說明把固體切分的想法是合理的。由此可以推測，「巧克力也是固體，也可以像蛋糕那樣先切再分配」，並且這種分配是公平的。因此，只要把前8塊巧克力按照順序來分配，再把多出來的一塊一橫一豎切成4等份後分給孩子們，問題就可以解決了。

麥夫把剛才提到的慣性思考作為原則（一般理論），去思考如何分配巧克力——這是演繹型的思考方法。還有一種方法是透過整理各種案例，從中找出規律。

像是，試著在問題前加上以下前提。

「以前，當朋友送給我蘋果的時候，我可以把蘋果平均地分給孩子們。所以，如果我收到的是橘子，分配方法就和收到蘋果時是一樣的。」

我們可以透過事實總結出「朋友只會送給我可以在物理上平均分配的禮物」這一規律。試著把這個規律套用在巧克力上，就能得到「以物理的方式均分8塊巧克力，再把無法分配的、剩下的一塊分成4等份」這一答案了。

這是從個別案例中獲得啟示，並運用到下一案例的結果預測之中的歸納型思考方法。

演繹型與歸納型的思考方法，是基於過去事實或推測對事物進行判斷的。但我們也應該認識到，當過去的經驗無法靈活適用於現有情況，邏輯思考很可能是無效的。

接下來讓我們更了解演繹法和歸納法。

邏輯思考的方式①
演繹法

透過個別事實＋一般原則得到結論

演繹法（Deduction）是指透過個別事實與一般情況下通用的原則來預測結果的方法。以下例子就是基本的演繹法。

「麥夫是人。」　　←個別事實
「是人都會死。」　　←一般規則
「麥夫一定會死。」　　←可預測到的結果

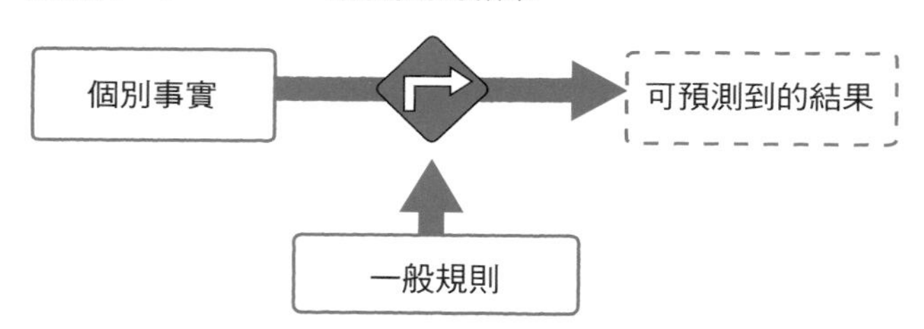

演繹法的優勢

該方法中最常見的是三段論法，可以說這是一種最簡單、最基本的思考方法。一起來看看下面的邏輯思考過程：如果巧克力螺旋麵包屬於點心麵包，那麼點心麵包的一般原則也可以套用在巧克力螺旋麵包上。

「巧克力螺旋麵包是點心麵包。」←個別事實
「孩子們喜歡點心麵包。」←一般規則
「所以，巧克力螺旋麵包很受孩子們的歡迎。」←可預測到的結果

需要注意的地方

演繹法中，一般規則發揮著重要作用。這一規則越讓人感到不自然、越讓人無法認同，對方的反應就會越消極。

就剛才巧克力螺旋麵包的例子來說，只有在「孩子們喜歡點心麵包」這一規則合理的前提下，推斷才能成立。但事實上，孩子們的口味各式各樣，所以孩子們都喜歡點心麵包的說法純屬謬論。這世上一定還有一些因為過敏沒辦法吃點心麵包的孩子。如果對方注意到了這些反例，就會對你產生「主觀臆測太嚴重」「分析不夠」等消極評價，對之後的討論也會有不好的影響。

所以，在提出一般規則的時候，應該仔細觀察對方的反應。一旦發現對方持有疑問或否定的態度，就馬上提出其他規則。否則，討論很可能就到此為止了。為了避免這種情況的發生，我們應該多準備幾個規則和結論來靈活應對對方的反應。

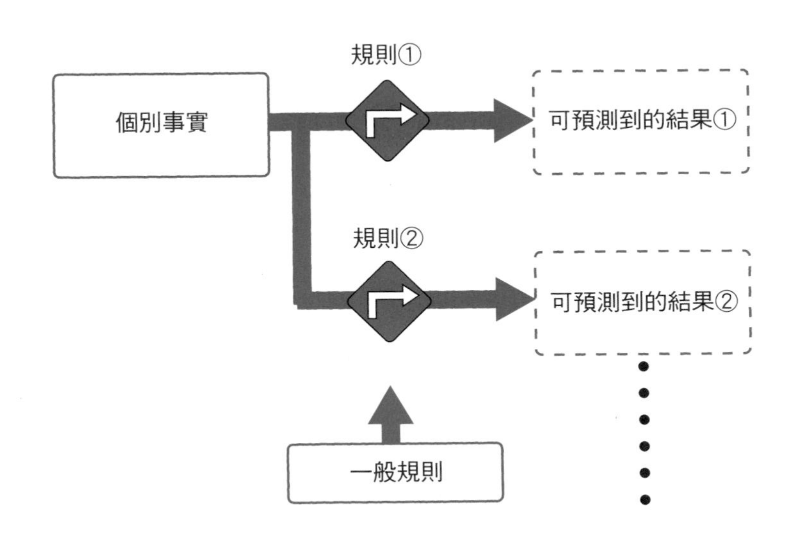

邏輯思考的方式②
歸納法

透過個別事實預測整體情況

歸納法（Induction）是指透過個別事實的集合推斷出整體規則的方法。下例就是基本的歸納法。

「麥夫要睡覺。」 ← 個別事實
「芝麻彥要睡覺。」 ← 個別事實
「小照前輩要睡覺。」 ← 個別事實
「所以人類一定要睡覺。」 ← 可預想的規則

一般會先用歸納法推斷出可預想的規則，然後再進入演繹法的流程展開下一步行動。

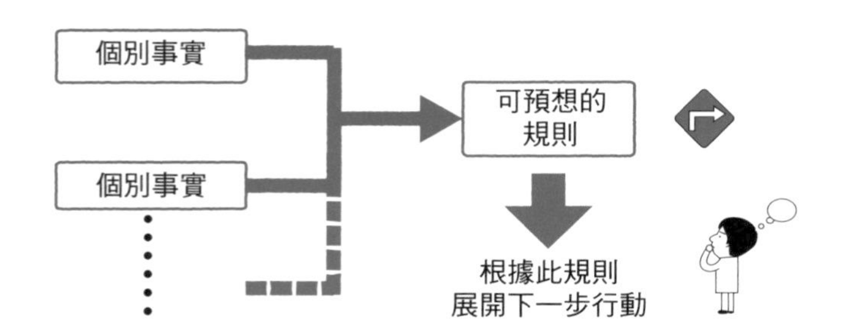

歸納法的優勢

如果能在一開始就把規則作為結論提出來，大家就可以在把握整體框架的基礎上順利地交流。無論是說話的一方還是聽話的一方，都可以在對整體有一定把握的前提下來討論。

「吐司麵包、法國麵包和紅豆麵包都含有小麥。」

「所以，麵包都含有小麥。」

如果上述案例可以作為麵包中的典型，那麼「麵包都含有小麥」這一規則就是廣泛通用的。這種對事實按照順序、有理有據地逐一論證的方法，可以不斷加深對方的理解，最終得到對方的認同——這就是歸納法的優勢。

需要注意的地方

但是，只要舉出一個不使用小麥做麵包（用米粉做麵包）的例子，就可以輕易顛覆剛才闡述的結論。也就是說，一點點累積起來的邏輯有在頃刻之間崩潰的風險。因此，不斷鞏固對方的理解，一步一步腳踏實地地展開討論很重要。

如果個別事實，即邏輯的前提中含有推測或者片面斷定的成分，那麼邏輯中的錯誤與矛盾就很容易被他人指出。但是，只要我們能把被指出的事實作為特例來說明，那麼討論的過程就會維持在「基本的思路」上，所以請不要馬上就選擇放棄。

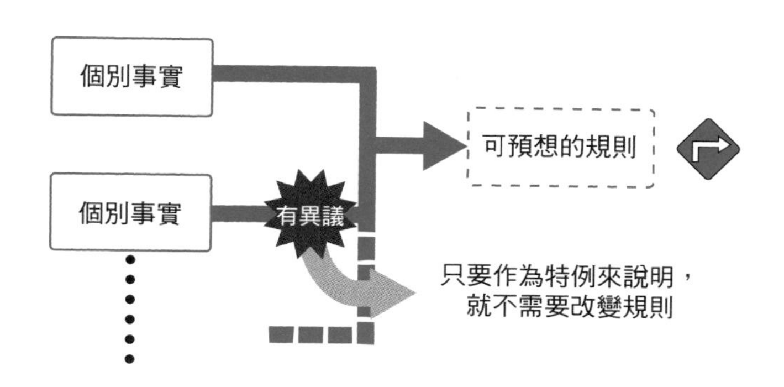

水平思考是什麼?

從「相似點」著手，探尋解決方案

請大家回憶一下在序章中，芝麻彥面對巧克力分配問題時給出的答案。他站在不同的角度上看待巧克力，並把目光集中在物體的性質這一細節上，透過觀察物體狀態的變化找到了解決方案。

每個人分到：$\frac{9}{4}$塊（一杯的量）

浮現在芝麻彥腦海中的思考過程是：觀察到「握住巧克力以後，巧克力就會漸漸融化」這一性質，從而推測出「可以把巧克力當成液體」，最終得出「只要把9塊巧克力全部融化成熱巧克力，就可以把它們平均分配到4個杯子中」這一假設。

事實上，沒有人規定一定要在固體的狀態下來分配，而且變成液體更容易平均分配。水平思考的特徵就是：從相似的地方或相似的要素入手，提出假設並驗證，由此找到解決問題的線索。

因為水平思考需要換一個角度觀察物件，所以也被稱為橫向思考。

為了讓大家更確切地體會到這一點，下面介紹一個有名的問題：

「在你面前有A、B兩個玻璃杯，分別裝有等量的紅酒與水。現在用湯匙取出玻璃杯A中的一匙液體，倒入玻璃杯B中，與此同時，把玻璃杯B中的一匙液體倒入玻璃杯A。將這組動作重複兩次之後，比較玻璃杯A中的水與玻璃杯B中的紅酒哪個更多？」

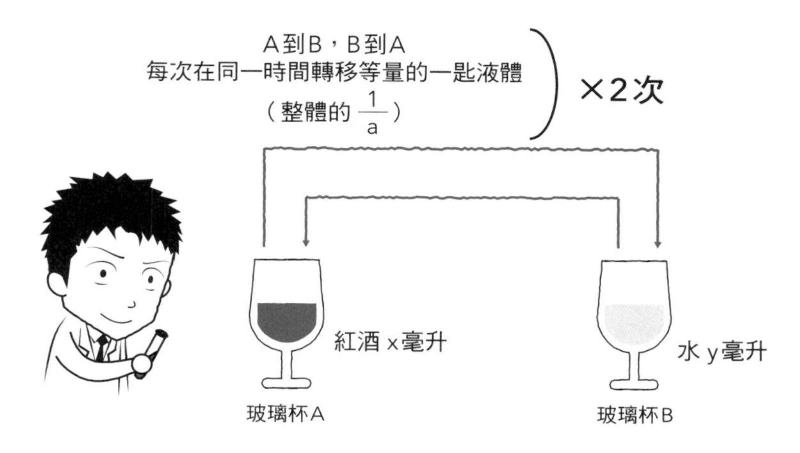

請大家試著想像一下把一匙紅酒倒入透明的水裡的樣子。水中會出現模糊的紅色，再過一下漸漸變成淡紅色的水溶液。而將一匙水倒入紅酒後，液體的顏色則不會有太大的變化。

如果再重複一次這個動作，兩者又分別會發生什麼變化呢？

實際操作後發現，玻璃杯A中的紅色基本上沒有變化，但是玻璃杯B的顏色變得更粉了。這可能會讓我們感覺玻璃杯B中混入的紅酒量比玻璃杯A中混入的水更多。

但事實是什麼？我們該如何做出判斷呢？如果是擁有邏輯思考的麥夫，應該會做出如下回答。

・ 假設玻璃杯A中有x毫升紅酒，玻璃杯B中有y毫升水。

※ 雖然x與y是相等的，但是為了方便區分，在此用不同符號表示。

・ 假設一個湯匙所能裝下的液體，是玻璃杯液體總量的 $\frac{1}{a}$。

因為第一次交換液體的時候，雙方都移動了一匙的量（總量的 $\frac{1}{a}$），所以公式如下：

第一次移動後的玻璃杯A　$x-\frac{1}{a}(x)+\frac{1}{a}(y)$ 毫升

第一次移動後的玻璃杯B　$y-\frac{1}{a}(y)+\frac{1}{a}(x)$ 毫升

第二次液體的移動量仍然相同。為了讓公式看起來簡單一點，這裡把第一次移動後的玻璃杯A內的液體總量設為X，玻璃杯B內的液體總量設為Y，公式如下：

第二次移動後的玻璃杯A　$X-\frac{1}{a}(X)+\frac{1}{a}(Y)$ 毫升

第二次移動後的玻璃杯B　$Y-\frac{1}{a}(Y)+\frac{1}{a}(X)$ 毫升

把公式中的X，Y全部用x，y表示（代入），可得：

第二次移動後的玻璃杯A　$x-\frac{1}{a}(x)+\frac{1}{a}(y)-\frac{1}{a}[x-\frac{1}{a}(x)+\frac{1}{a}(y)]+\frac{1}{a}[y-\frac{1}{a}(y)+\frac{1}{a}(x)]$

$=x(1-\frac{2}{a}+\frac{2}{a^2})+y(\frac{2}{a}-\frac{2}{a^2})$

第二次移動後的玻璃杯B　$y-\frac{1}{a}(y)+\frac{1}{a}(x)-\frac{1}{a}[y-\frac{1}{a}(y)+\frac{1}{a}(x)]+\frac{1}{a}[x-\frac{1}{a}(x)+\frac{1}{a}(y)]$

$=y(1-\frac{2}{a}+\frac{2}{a^2})+x(\frac{2}{a}-\frac{2}{a^2})$

如最開始說的那樣，x與y相等，所以玻璃杯A中含水（y）的量與玻璃杯B中含紅酒（x）的量也相等，都混入了液體總量（$\frac{1}{a}-\frac{1}{a^2}$）倍的液體。

真不愧是麥夫，使用正面攻擊的方法解決了問題。只要使用邏輯思考，就可以先把問題切分成可以解決的大小，再進一步處理。

但其實根本沒必要運用這麼複雜的計算。請大家再仔細思考一下，只要兩個玻璃杯的液體總量是一樣的，那麼雙方的混入量也應該相同。

如果某方混入得多，那麼最後兩個杯子中的液體量不可能一樣。

我們再看看麥夫思考的公式。第二次移動後玻璃杯A與玻璃杯B的公式，其實就是x與y的位置正好相反的鏡子公式。第一次移動後玻璃杯A與玻璃杯B也是如此，再怎麼置換，x與y混入的比例都是一樣的。也就是說，無論置換多少次，兩個杯子中的混入量都是相等的。

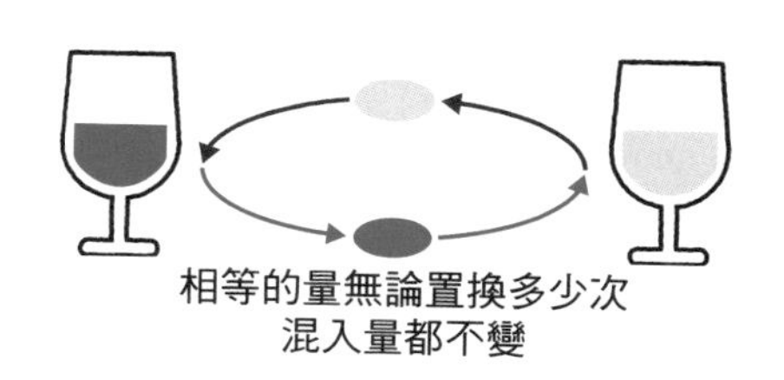

水平思考中，經常會使用類推思考來驗證發散思考的多樣性，然後再用假說思考驗證各種想法的可行性。我們會從下一頁開始詳細地介紹。

水平思考的方式①
類推思考

從「相似點」著手

類推（Analogy）思考的做法是，先把內容、性質相似的事物拿來「類推」，或對看上去相似的事物進行「類比」，然後再分析物件。

例如，每當說到柑橘類的水果，我們往往會想到常見的橘子或香橙。相信大家也都吃過，可能嘴裡還會產生一種又甜又酸的感覺。

但是，當說到金桔、賈巴拉柑橘（Citrus Jabara）、晚白柚（Wanpaiyu）這些不太常吃到的水果，你又會馬上聯想到什麼味道呢？

很可能一聽說是柑橘類水果，嘴裡就會有酸酸的感覺吧。這是因為你的大腦會像這樣思考：

「因為這個水果是柑橘類，所以一定有酸味。」

也就是說，先提取已知事物的特徵，再推測類似卻不太了解的事物的性質。這種思考方法就是「類推」。

對其內容或性質進行類似的推測即

「類推」

關於「類比」，有這樣一個例子。

「一家人來到河邊露營。他們本來想烤肉，但因為運氣很好釣到了魚，所以想用魚來做晚餐。雖然不知道釣上來的到底是什麼魚，但還是把魚放在烤肉架上，試著烤烤看。」

為什麼這家人明明不知道魚的種類，還要選擇「烤」魚呢？

如果有人吃過烤魚，他就會知道烤過的魚能吃。無論是紅肉魚如金槍魚、鰹魚等，還是鯛魚、比目魚這種白肉魚，都可以烤來吃。所以會引發人們的聯想：

「因為這是魚，所以燒烤過後可以吃。」

這種思考方法根據已知事物的形象，去推測形狀相似的未知事物的性質，這就是「類比」。

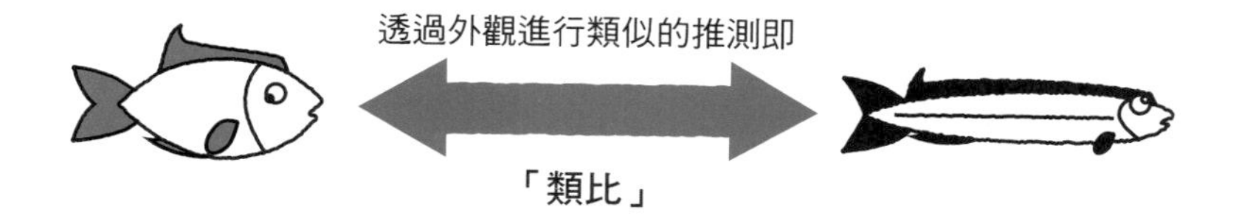

雖然根據性質的推測叫做「類推」，根據外觀的推測叫做「類比」，但實際運用過程中，沒必要有意識地區分二者。只需要簡單地理解為「透過相似之物產生聯想」就可以了。

類推思考的優勢

類推思考的優勢在於「能從對比事物的關聯性中得到新的發現」。再舉個更實用的例子加深印象吧：

「當我們試著在一些店鋪販售超大份炒麵麵包時，發現其中有兩家店早晚的銷量特別好。根據調查發現，這兩家店有一個共同點——就是附近都有男子學校。」

因為類推思考會從共同特點下手，所以在炒麵麵包的例子中，我們應該先把目光集中在這兩家銷量好的店鋪的共同點上。在了解到共同點是附近都有男子學校後，我們就可以展開下一步行動，驗證它到底是不是銷量好的原因。

假設我們透過驗證發現了新事實：

「請店員紀錄下購買超大份炒麵麵包的客人特徵。果不其然，大多數購買者都是男校學生。」

驗證到這裡，可以得到「應該在其他靠近男校的店鋪裡販售超大份炒麵麵包，以此提高店鋪的營業額」這一結論。如果隨後發現這一結論並不成立，可以再去尋找其他共同點，並以此為線索繼續驗證。

類推思考能為我們提供分析的線索。把課題物件與有相似性質或結構的事物互相比較，能幫我們找出課題物件的優點或應改進之處，這就是類推思考的優勢。

需要注意的地方

雖然類推思考非常容易上手，但如果面對任何問題都使用這種方法，很可能導致錯誤的結論。舉個簡單的例子，假設你為了可能發生的大地震，提前準備好了礦泉水和汽油。那麼，你會把它們保管在什麼地方呢？

如果使用類推思考，從礦泉水和汽油的共同點入手做出以下分析，事情會發展成什麼樣子呢？

「礦泉水和汽油都是液體。因為平時很少會用到，所以應該保存在密封的容器中並置於屋外。」

從邏輯上聽起來是正確的，但是這個分析沒有考慮到水（礦泉水）和油（汽油）在性質上的重大差異。雖然水和油都是液體，但是油在遇熱後容易著火。如果把汽油罐一直放在陽光中曝曬，會有引發火災的危險。

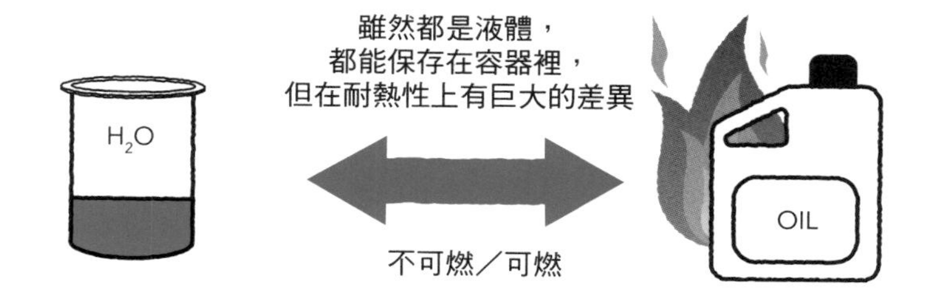

所以我們應該先清楚了解自己的目的，多方判斷目標物件的各個特徵，如果差異多於共同點，那麼在使用類推思考時就需格外注意。

水平思考的方式②
假說思考

提出假設解決問題

假說思考，是指透過提出假設（Abduction）找到解決方案。邏輯思考的基礎——演繹法（Deduction）與歸納法（Induction）都是朝著同一方向展開理論論述的，但是如果發現錯誤，就應該提出其他的假設，展開試錯（Trial and error），迅速改變理論方向。

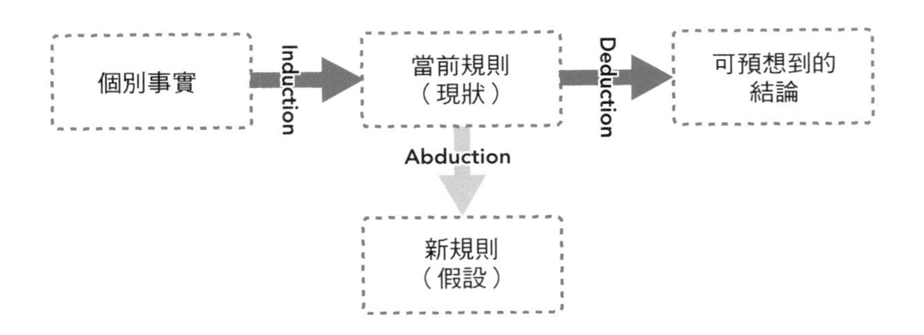

演繹法的英文是Deduction。「de」代表「向外」。可以記憶為：走出規則，利用規則從外部進行預測。

歸納法的英文是Induction。「in」表示「向內」。可以記憶為：走進規則內部。

假說思考的基礎是提出假設，英文為Abduction。「ab」是「離開」的意思，大家可以記憶為：離開當前的規則，尋找全新的規則。

比如，以下過程就屬於基本的假說思考。假設一旦有誤，就需要重新更改假設，繼續解決問題。

現有規則（現狀）——

麥夫騎著自行車從正面向你駛來，如果保持現在的方向不變，就會和麥夫撞上，那麼應該往左躲避還是往右躲避呢？

假說（新規則）——

根據交通法規，車輛（包括自行車）應沿左側行駛[1]，所以雙方只要一起微微往左行駛就可以避開對方。

假說的結果——

糟了，對方靠右行駛了。

下一個假說（又一個新的規則）——

對方應該也很著急。如果現在改變方向，他又會想要避讓了，所以我還是按照現在的方向行駛吧。

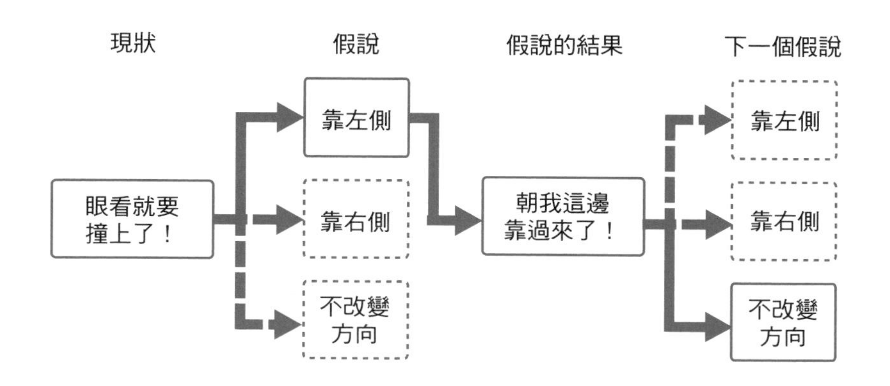

1　編按：日本是靠左行駛。

假說思考的優勢

面對眼前的問題，如果我們魯莽地展開行動，行動就沒有效率。我們在現實生活中應該都對此深有體會。

舉個例子，如果晚上想喝水，不得不從床上爬起來，這時家裡漆黑一片，你準備怎麼走到廚房呢？

你可以摸黑走，但也許走廊裡散落的書或玩具會讓你吃點苦頭。假如你狠心一腳踩下去，很可能會受傷流血，更不用說走到廚房了。但如果你一邊開燈一邊前進，就可以避開障礙物、一點點接近廚房了。

如果懷著走一步看一步的想法，那麼即使知道有危險，你可能還是會選擇在黑暗中前進。但是如果一開始就提出「只要開燈，就可以安全到達廚房」的假設，雖然可能會多花一些時間，但一定確保可以走到廚房。

可以說假說思考是在眾多選項中考慮「是否麻煩」與「效果大小」的平衡，從中選擇更優的方法。

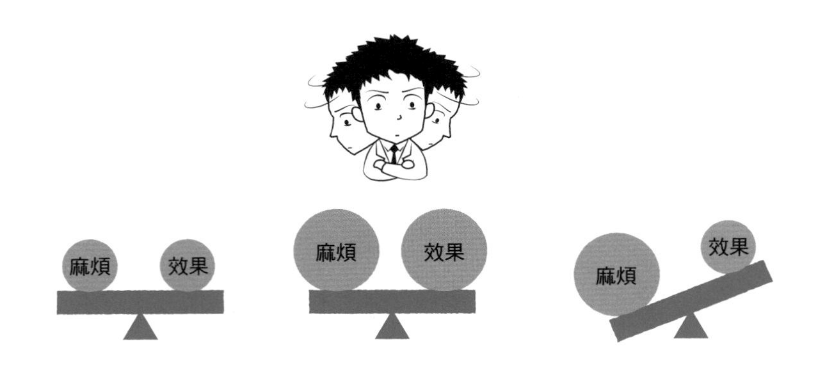

需要注意的地方

若是普通問題，使用假說思考自然可以，但如果涉及專業領域，專業人才就必不可少了。之所以這麼說，是因為如果沒有懂得專業知識的人，就容易遺漏重要前提，甚至可能完全走錯方向。

我們來看看下面這個例子：

「在某個麵包工廠內，由於麵包製作機的位置很分散，想要出貨給各零售商十分麻煩。麵包製作機的分布不合理是耗費時間的最主要原因，為了改變現狀，需要改善麵包製作機的分布位置，以此提高效率。」

麵包工廠的製作機器越集中，出貨的效率越高。但是這個判斷真的沒問題嗎？

事實上，這個麵包工廠裡有針對小麥過敏族群特別設置的米粉麵包製作機。如果這種機器過於靠近普通麵包機，就可能混入小麥粉。如果未考慮這一特殊情況就提出改善方案，很可能會造成白做工。

錯誤發現得越晚，問題解決起來越花工夫。所以最好在一開始就邀請了解相關背景、懂得具體內容的專業人才加入討論。

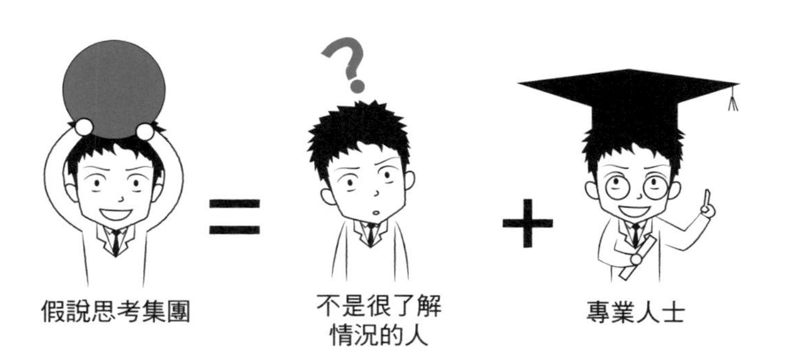

批判性思考是什麼?

想清楚你到底想要什麼結果

請大家回憶一下序章中小照前輩面對巧克力分配問題時的回答。他的做法是了解清楚最終目的、期待的結果到底是什麼，再去尋找最佳解決方案。

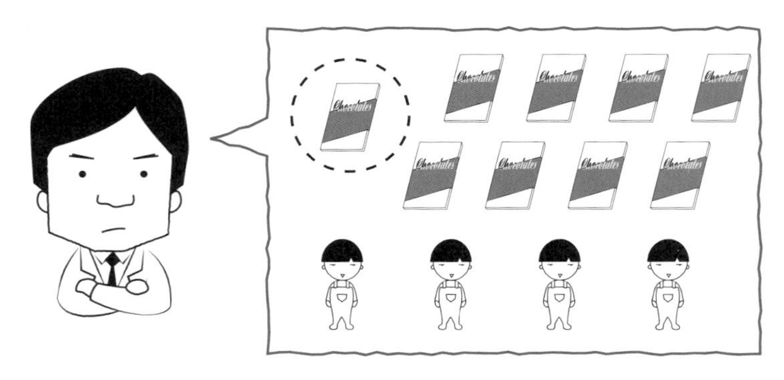

每個人分到：2塊

小照前輩想到的是，孩子只是偶然得到了巧克力，因為完全有可能什麼都收不到，所以就算只分到1塊巧克力，也都是賺。因此他得到了「如果巧克力的數量正好能被4整除，則最簡單公平」的結論。

一般人可能會想把9塊巧克力全部分出去，但是只分8塊確實也沒有任何問題。雖然這可能是個出乎意料的回答，但如果我們在乎的是目的，那麼這個結論就是合理的。這就是批判性思考的思考方式。

因為批判性思考需要深入挖掘現有情況，不斷地詢問「為什麼會這樣？」「這真的正確嗎？」所以被稱為批判性思考，也叫做探索性思考。來看看以下狀況一起思考：

「業績低迷多年的同行A公司，因為抓住了進軍印度的機會，銷售額逐年攀升。而本公司的銷售額卻持續縮水，收益不斷減少。為了打破瓶頸，我們也應該打入印度市場。」

提出這一建議的原因是，打入印度市場的決策讓曾經和我們有相同處境的A公司成功提高了收益，所以只要我們也打入印度市場，就可以獲得相同的結果。

但是再仔細想想，雖然從時間上說，A公司的業績確實是從進軍印度後開始提升的，但要說進軍印度是業績提升的原因，邏輯上就有一些跳躍了。也許是剛好在進軍印度市場期間，A公司成功開發了某種商品，或在某次市場行銷中大獲成功。

只有驗證了A公司在營業額提高以來做過的所有舉措，才能找到營業額提升的真正原因。但是現在根本沒有時間逐一驗證A公司全部舉措，還要注意不能因為在分析作業上花費過多時間，而錯過決策的關鍵時間點。

從下一頁開始，我們將詳細介紹批判性思考中最基本的兩個方法——辯證法與反證法。

批判性思考的方式①
辯證法

在「對立」中尋找新方案

辯證法是深入分析問題的前提以及所處狀況，然後透過權衡各種對立的方案來找到新方案的方法。哲學中的辯證法非常複雜，在這裡向大家介紹的是更為實用的辯證法。

對立意見——

「這支矛可以擊穿任何防禦武器。」←主張A

「這支盾可以防禦任何攻擊。 」←主張B

比較研究——

雖然雙方的主張對立，但是透過確認可以得到以下事實：

「在單手持盾的情況下，盾的平衡會被打破從而被矛擊穿。」

「在雙手持盾的情況下，矛尖會承受不住壓力然後崩裂。」

新的意見——

雖然這支矛可以破壞任何防禦武器，但是只要雙手拿好這支盾，就可以抵禦它的攻擊。

如果主張A成立，則主張B不成立，反之亦然。這時需要比較研究這兩個主張，整理雙方的相同點與不同點，找到意見統一的必要條件。上面這個例子，兩個主張都建立在矛盾相撞的基礎上，所以我們需要進一步調查以矛攻盾之後到底會發生什麼。

結果發現，根據條件不同，矛盾之一就會損壞。基於上述內容，只要修改主張A、B中想當然的部分，就能提出公認的新主張。

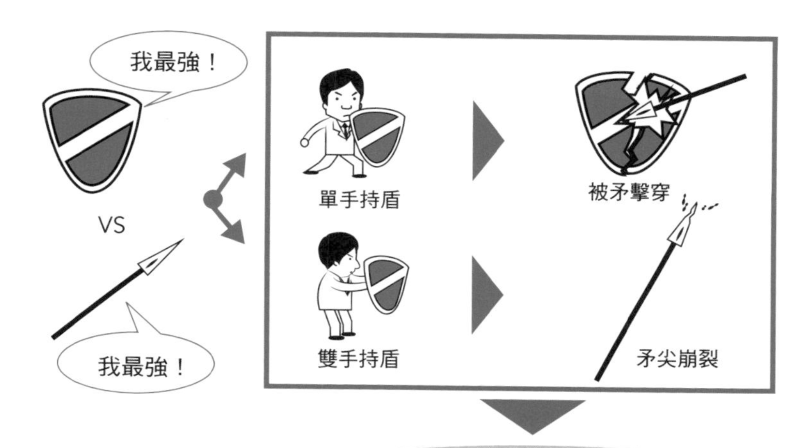

在辯證法中，首先需要提出命題的研討草案，並在議論中提出反命題（意見或反論）。反命題可以幫助我們重新審視問題及問題的前提，找出其他可能性。還可以在此基礎上，提出最終的綜合命題（折衷方案）。

剛剛的例子中，主張A和主張B分別是命題與反命題，而新意見則是綜合命題。

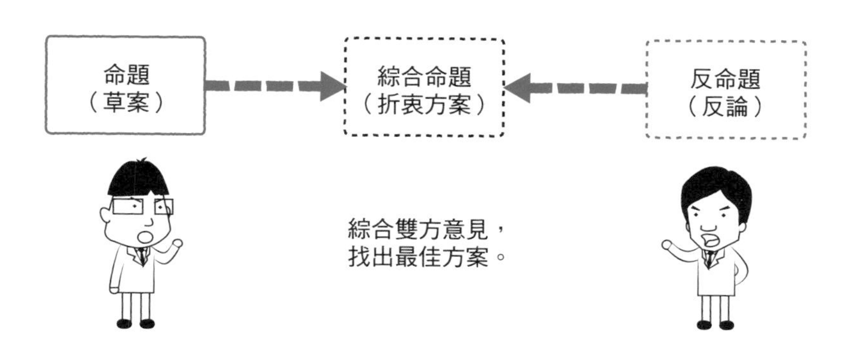

辯證法的優勢

為什麼會出現這種相互矛盾的意見呢？當事人都主張自己的意見正確無誤，而這些意見也的確都有自己正確的一面。但是，意見的前提條件不同，就會產生爭議。

矛和盾的故事中，盾的使用方法直接影響到雙方主張成立與否。所以，需要整理各主張的前提條件，從而找到折衷方案，使雙方能夠達成一致。這種推進方法適用於所有需要調整現況的情況。

比如，我們在日常生活中也可以使用辯證法。

麥夫

「今天中午不想吃肉，想吃點清淡的食物。」

芝麻彥

「但是我的肚子好餓，不想吃蔬菜。」

小照前輩

「那我們去吃生魚片套餐吧。」

麥夫不想吃肉這種不易消化的食物，芝麻彥又覺得蔬菜吃不飽。為了尊重雙方的意見，選擇大家都滿意的午餐，就需要找到兩種意見的妥協點。

這時，小照前輩注意到芝麻彥認為麥夫說的「清淡的食物」就是蔬菜。如果雙方是認知上的差異，那麼雙方的意見就還有商量的餘地。因此小照前輩提議去吃比肉類更健康，比蔬菜更具分量的生魚片套餐。

辯證法可以像這樣根據情況靈活地應對，它的優勢是能統一利害關係不一致的雙方意見。

需要注意的地方

比起結論，辯證法更重視過程。雖然那些重視對話過程的人能夠感受到辯證法的優勢，但想要完全統合所有相關方的意見，往往需要漫長的時間來調整。

比如在日本國會上提出的沖繩美軍基地的轉移問題，自2009年秋季日本民主黨執政以來[1]，就針對把沖繩普天間基地搬遷到縣外的這一公約，不斷和美國、沖繩縣及其他都道府縣交涉。但事實上並沒有令所有人的利害關係都一致的選項，所以這個問題至今依舊沒有解決。

無論是多麼重要的決定，如果為了達成一致需要花費數年之久，那麼這一決定只會落後於時代，喪失其重要性。當你必須在競爭環境中拿出成績時，要像「兵貴神速」說的一般，即使有意見不統一的地方，只要大致內容得到眾人的認同，就要當機立斷。

但是如果一味地追求速度，按照自己的需要，片面地理解對方的想法，就會引發相關方的反感。對於那些你比較重視的物件，應設置一個場所，面對面傾聽對方的所有意見，使對方感受到「自己的意見得到尊重」的心安與同伴意識。

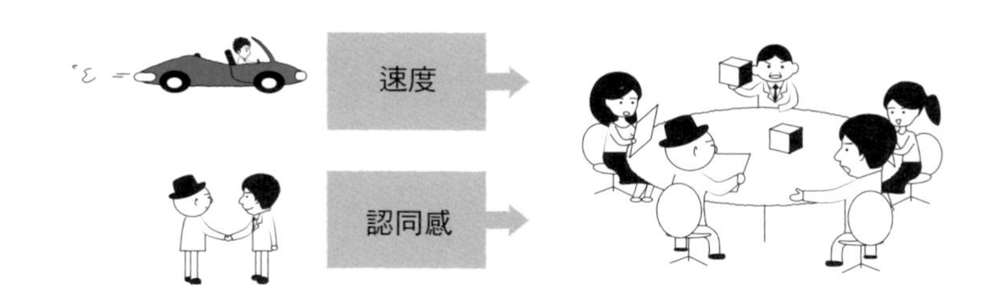

1　編按：本書日文原版出版於2012年7月，時值日本民主黨執政。

批判性思考的方式②
反證法

利用「否定」找出其他方案的合理性

反證法是把眼前所有方案中的問題、缺點以及矛盾全部列舉出，並且予以否定，使用排除法找到其他方案的合理性。下例就是基本的反證法：

現在的情況——

有一個誠實的店員和一個不誠實的店員，他們之中有一個人賣甜麵包，一個人賣超辣麵包。你只能問一個問題，那麼問什麼問題才能買到甜麵包呢？

正面進攻法與可預測到的回答——

直接問店員「你在賣甜麵包嗎？」

①店裡賣的是甜麵包，誠實的店員回答「YES」。

②店裡賣的是甜麵包，不誠實的店員回答「NO」。

③店裡賣的是超辣麵包，誠實的店員回答「NO」。

④店裡賣的是超辣麵包，不誠實的店員回答「YES」。

結果分析與對策——

要想成功選出甜麵包，我們需要讓②的回答為 YES，讓④的回答為 NO，也就是說，讓賣甜麵包店員回答 YES，讓賣超辣麵包的店員回答 NO。因此，我們的提問必須使不誠實的店員再次否定自己的回答。

結論——

應提問：「如果我問你這家店是否有甜麵包，你會回答 YES，是嗎？」如果店員回答「YES」，那就在這家買甜麵包，如果回答「NO」，就去另一家買甜麵包。

這種先提出假設方案再探討其合理性的做法，和屬於水平思考的假說思考很像。但是與假說思考不同的是，反證法是在整體認同對方意見的前提下展開討論的。

上述例子中，沒有因為正面進攻沒效就選擇放棄，而是在此基礎上考慮其他方案。如果能提前在腦海裡預測大家的回答，就可以找到讓他人無法提出異議且能最快得到結論的反提案。

反證法的優勢

想要駁回與自己不同的意見時，如果採用攻擊對方想法上的缺點這種交流方式，會引起對方的反感。無論是誰，絞盡腦汁想出來的意見遭人否定，一定不是愉快的事。

然而，因為反證法是從肯定對方入手的，所以在最開始的階段不會和對方產生情感上對立。如果能從思想內容上讓對方覺得他的意見應該被駁回，那麼對方會在理解的前提下主動收回自己的意見。這就是反證法的最大優勢。

例：選擇去哪個公園遊玩——

A君：「我們還能玩兩個小時。這裡離家大概20分鐘，我們是在這附近的遠方公園玩，還是在離家近的鄰近公園玩呢？我想在鄰近公園玩。」

B君：「啊……那一定要去遠方公園玩呀。因為可以馬上開始玩。」

A君：「這樣啊，那我們去遠方公園玩吧。不過現在天有點陰，要是玩的時候下起雨來，就會被淋濕，而且我們回去還要20分鐘，路上就會全身濕透了。」

B君：「嗯……我也不想被雨淋濕。我知道了，我們先回到家附近，然後在鄰近公園玩吧。」

反證法也可以用在對邏輯思考的重新審視上。邏輯思考中的歸納法是把事例集中起來從而得到規則的方法，但是只要找到一個反例就可以推翻這個規則。而反證法正是透過這種方法誘導對方改變意見。

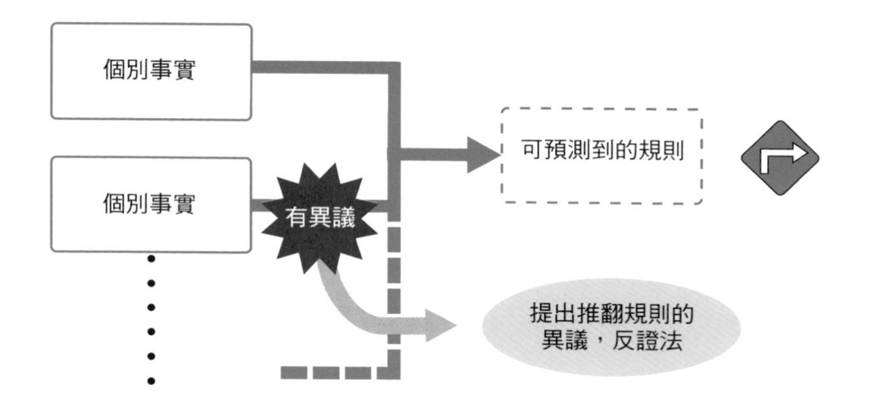

需要注意的地方

反證法是在假定對方邏輯成立的前提下展開討論的。就算證明了對方的邏輯不通，也只能說明這種邏輯不正確，而不能讓對方馬上接受你的意見。

前面所述的公園的例子，B君之所以能認同A君，並打消自己的念頭，是因為只有遠方公園和鄰近公園兩個選項。如果B君還知道其他公園，那麼只能說選項之一被排除了，還需要進一步縮小範圍。

為了引導對方贊同你的意見，需要下功夫讓自己的意見成為能解決對方邏輯問題的反提案，並盡力讓對方在討論過程中認同你的觀點。

1-11 區分三大思考法的重點

注意三大思考法的區別！

只要能理解邏輯思考、水平思考以及批判性思考之間的區別，就能根據其特點充分掌握它們的使用方法。

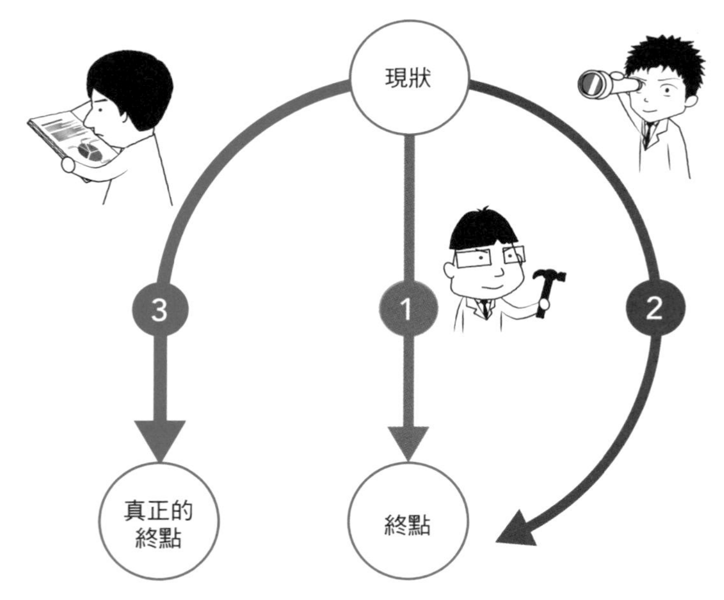

① 邏輯思考：垂直思考
② 水平思考：橫向思考
③ 批判性思考：探索性思考

邏輯思考的回顧

邏輯思考是解決問題最基本的武器。這種思考方式把所有人都能理解的、客觀的正確答案作為問題的終點，而它則作為一個「鑽頭」，幫助我們開闢通往終點的道路。

但是，直直地朝著終點前進未必是最短路徑。因為途中可能會有大石頭（問題）堵住你的去路。想要破壞這塊巨石（解決問題）需要花費巨大的精力，所以萬事都依賴這種思考方式並不是明智之舉。

水平思考的回顧

水平思考是一架「雙筒望遠鏡」，它幫助我們看清周圍，從其他角度看待問題。我們可以選擇改變開拓道路的方向、繞過岩石（避開問題），也可以選擇減少岩石的大小或數量，從而提高思考的效率。

但是有時候我們選擇的道路也許是不正確的，這時無論怎樣在前進方法上下功夫也無濟於事。如果在當下所處的位置（前提條件）上，無論怎麼努力獲得的價值依然很小，就需要重頭尋找其他地方（重新審視前提條件），從根本上審視這個問題。

批判性思考的回顧

批判性思考是一張「地圖」，它能幫我們確認眼前的道路是否正確。透過它我們可以判斷何時使用「望遠鏡」（水平思考）觀察四周、用「鑽頭」（邏輯思考）開闢道路，從而找到最合適的路線。

因此，最好的方法是，用批判性思考設定最合適的前提，用水平思考從各個案例以及參考資訊中找到解決方案，最後用邏輯思考逐一擊破各個課題。

靈活使用三大思考法的四個步驟

①利用批判性思考，從質疑現狀開始

最先採取的行動應該是質疑現狀。

捨棄「獲得的資訊都是正確的」，從識別眼前資訊是「事實」還是「推測」開始。如果是事實，就找到出處；如果是推測，就確認是如何推測出的。不停地確認直到自己能夠認同，這個過程很重要。

例如，假設現在有一個還沒被人搶佔的市場或服務行業。如果只站在「我想賣出去！」的角度上思考，那麼你的腦海裡可能會浮現出一幅沒有任何競爭對手的藍海戰略前景。但如果從「真的能獲取利益嗎？」著手驗證，可能會得到「因為收益不高，所以其他公司刻意選擇了回避」這一結論（紅海策略）。

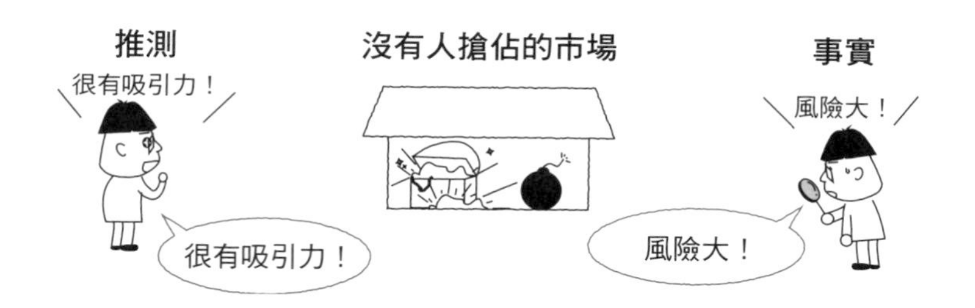

再舉個具體點的例子，就拿麵包店來說吧。

「有一家麵包店只接受現金付款。如果改成信用卡付款，客人所能夠使用的金額就增加了，他們可能會一次購買更多的麵包，銷售量和營業額也會隨之增加。」

如果僅透過上述資訊來判斷，那麼結論自然是「導入信用卡付款」。但是，如果我們得知了以下資訊，又會如何抉擇呢？

「如果麵包店接受信用卡付款，每次交易都需要向信用卡公司支付銷售額的5%，外加200日元的固定手續費。」

當客人使用信用卡買了兩個200日元的麵包時，麵包店就需要向該信用卡公司支付220日元的手續費（400日元×5%＋200日元）。如果製作麵包的原材料費為200日元，那麼當銷售額為400日元的時候，總成本就是420日元（原材料費200日元＋手續費220日元），從而導致收不抵支。

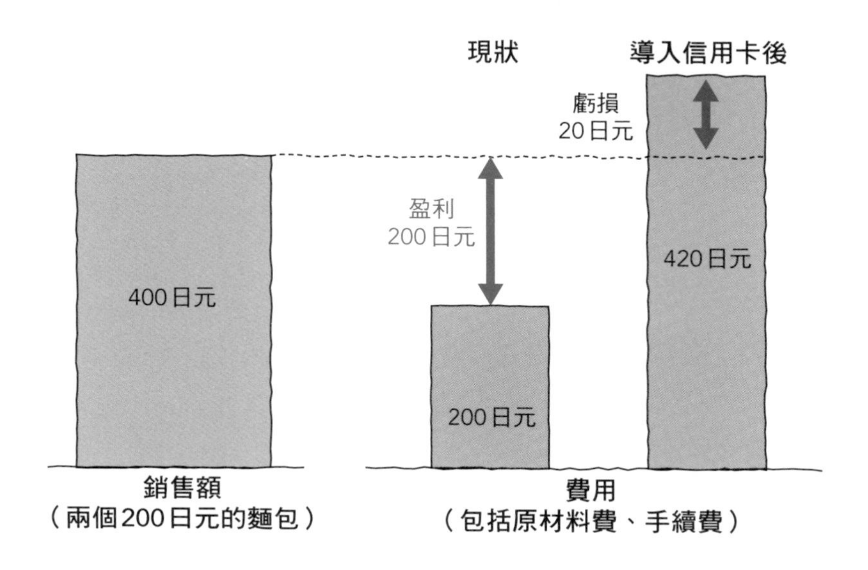

實際上，大部分人在買麵包的時候，只會買兩三個麵包。這樣一來，就算客流量因為支持信用卡支付而翻倍，但因為每筆生意都是虧

損的，麵包店只會越賣越賠。這種情況下得到的結論和剛剛「導入信用卡付款」的結論完全相反。

所以，使用批判性思考，可以避免我們往錯誤的方向前行。

②利用水平思考尋找周圍的相似案例

沒人能保證自己想到的方案一定是最佳方案。相反地，把視野放得廣闊一點，多聽聽其他人的想法或事例，很可能會讓我們找到更好的方案。

在前面提到的麵包店例子中，我們用批判性思考得出了最好不要導入信用卡支付的結論。但是，這只能說明信用卡這種方法收益不高，不代表沒有「讓顧客消費比身上所持現金更多的錢，單次購買更多麵包」的方法。

事實上，我們可以從「和信用卡擁有同種性質（沒帶現金也可以付款）」這一點入手。是否有一種收益率高的小額支付方式呢？經過尋找，我們找到了小額支付的服務。在這一領域中，有已經普及、不需要花太多手續費的電子錢包服務（Edy[1]、Suica[2]），也有每次交易只需支付2%手續費的支付服務。

如果使用只需2%手續費的小額支付，那麼當賣出兩個200日元的麵包時，手續費只有8日元（400日元×2%）。因為小額支付使用起來很方便，進店的顧客可能會因此變多或者多買一點買東西，這些都會為麵包店帶來巨額收益。

1　編按：Edy卡是日本樂天公司發行的預付購物卡，可以在日本各大便利商店刷卡使用。

2　編按：Suica是由東日本旅客鐵路公司（JR東日本）發行可用於電車、鐵路、購物等的IC卡。

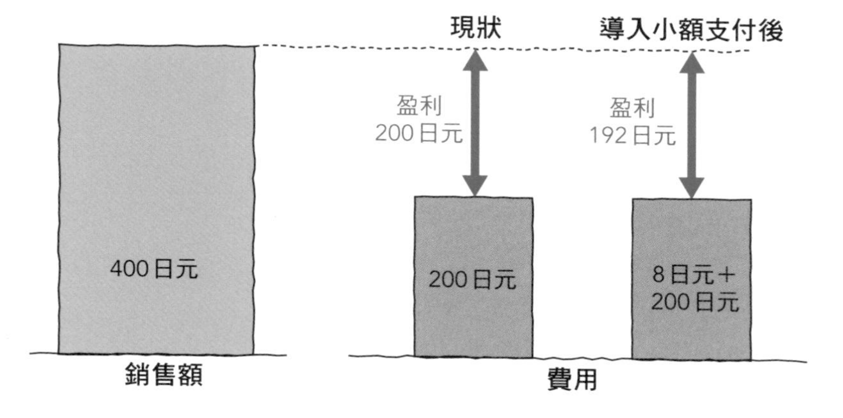

③用邏輯思考分解問題

透過水平思考，我們找到了比信用卡更好的方案——小額支付（假設是Suica）。那麼接下來，我們具體該怎麼做才能實現這個方案呢？

想在麵包店投入使用Suica小額支付服務，必須在一開始就制定好計畫。先確認清楚最終想要得到的效果是什麼，也就是賦予目的具體的形象，然後再確認要走到終點我們需要做哪些工作。

先列舉所有你能想到的「想要實現的效果」，然後整理出為達成目標需要做的準備，就能得到以下內容。

為此……

目的	必要的準備
導入Suica	聯繫提供Suica的企業，確認合約內容以及導入程序。
決定合約內容以及導入程序	獲取提供方企業的加入許可，準備該服務必需的機器設備。
準備Suica必需的機器設備	調整已安裝設備店鋪的網路通訊條件。

想要成功導入Sucia，不僅需要和提供方企業確認合約內容以及導入程式，還要準備安裝Suica的讀取設備。而且在安裝設備之前，還需要調整網路通訊環境。這樣一步步思考，一步步分解工作內容的做法正是邏輯思考所擅長的。

④綜合看待事物

麵包店的案例中，增加收益的關鍵在於捨棄信用卡支付就能提高收益的想法，從最根本的目標——收益率著手，找到這種收益率高的小額支付方式。

只要能放下自己曾經深信不疑的想法，靈活地接受新事實，不斷改變解決問題的方法，並且優化組合，就能持續地改善。當然，這不是一次就能做到的，需要不斷地實踐。

也就是說，需要反覆練習「用批判性思考分析現狀，然後以水平思考摸索最優路徑，最後用邏輯思考分解問題」這一連串動作。

看過以上解說，可能很多人會認為，想解決一個問題，只要從批判性思考走到邏輯思考就可以了。其實並非如此。在使用邏輯思考分解問題後，有時候我們還需要繼續使用批判性思考重新審視問題的情況和前提，然後用水平思考摸索更好的方式，確定好方向後用邏輯思考再次分解為更具體的解決方式。

也就是說，邏輯、水平、批判性這三大思考法呈環形按順序相互關聯。這三大思考法之間的關係構成了商務思考框架的原則，也是本書的基礎。

若用圖形進行簡單表述，即為右圖的「商務思考框架模型」。

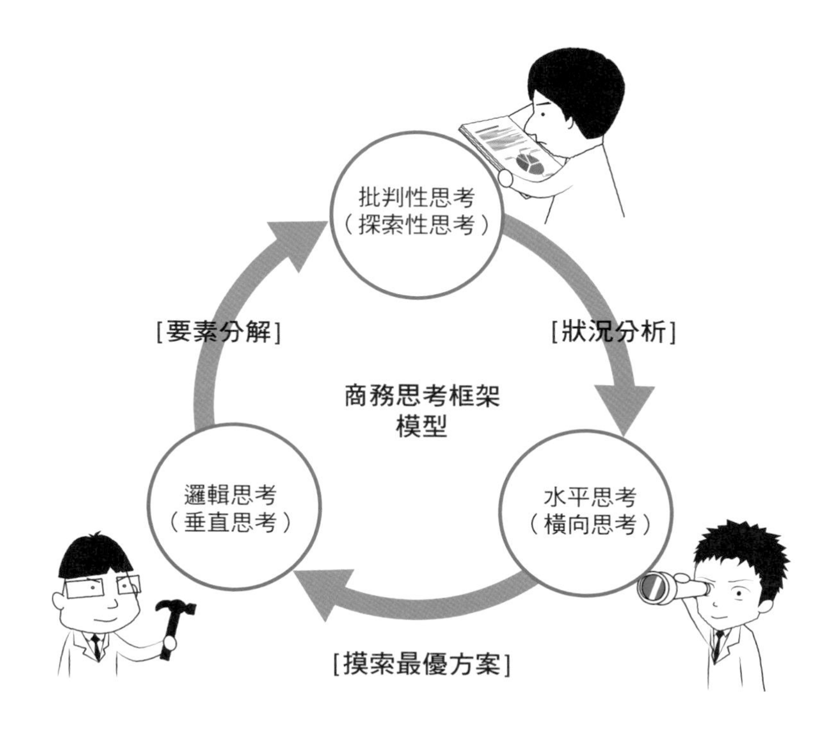

透過以上內容，你是否已經了解了各個思考方式的作用以及彼此之間的關係呢？如果你的腦海裡能馬上浮現上圖所示的商務思考框架模型以及圖中邏輯思考、水平思考、批判性思考的基本思路，就可以進入下一章的學習了。

下一章我們將透過一些案例學習各思考方式的區別。讓我們一起看看「邏輯思考」「水平思考」以及「批判性思考」分別是怎麼運作的。

專欄①

海龜湯

「海龜湯」是什麼？

水平思考之所以是水平的，是因為在它的思考過程中需要驗證各種可能性，而支撐這種思考方式的就是思考發散能力。這種能力引導我們從散落在四周的眾多資訊中突發奇想、茅塞頓開。我們很難透過正統的學習方式掌握這種能力，但有一種推理遊戲能讓我們一邊樂在其中，一邊鍛煉這種能力。

請看下面這個故事。

> 有個男人在餐廳裡點了海龜湯。他嘗了一口就把服務員叫過來，問道：「這真的是海龜湯嗎？」服務員回答道：「千真萬確。」當天晚上，這個男人就自殺了，為什麼呢？

這是個很有名的問題，正確答案如下：

> 這個男人曾經因沉船而漂流到無人島上，等了很久都沒等到救援。最終食物也吃完了，一起漂流到島上的其他同伴也因為體力透支而相繼死去。
>
> 活下來的人不堪饑餓，就選擇吃死人的屍體。這個男人非常抗拒這種行為，所以他一天天地衰弱下去。他的同伴見此情形，就騙他說：「我們抓到一頭海龜，做成了湯。」於是男人喝了湯，和同伴一起存活了下來。
>
> 但是回來後，他在餐廳吃到味道完全不一樣的海龜湯，這才發現當時喝的湯是屍體做的，絕望之餘選擇自殺。

這個問題原本是自古流傳的都市傳說，後來因為一位對思考方式、發想技巧非常熟悉的作家——保羅・史隆（Paul Sloane），才廣泛地為世人所知。

第一次看到這個問題的人，也許會覺得從點餐的故事推導出這樣的答案，有點像是無稽之談。其實這是一種叫做海龜湯的橫向推理遊戲，透過發散思考來釐清問題的前提，從而引導出答案。

遊戲規則

「海龜湯」遊戲的規則是：出題者提出一個情況並不明朗的問題，回答者為了確認清楚情況，需要不斷地提問，最終得到答案。

出題者需要事先準備好能讓所有人認同的答案，並在面對回答者的提問時，把「正是如此」「這很重要」等資訊提示給對方。在不斷靠近正確答案的過程中，我們能夠漸漸培養靈光一現的感覺，這種感覺在水平思考中是必需的。

日本有一個有名的交流網站，上面每天都會出新的題目。所有題目都需要我們對「為什麼會變成這樣？」進行推理，這將大大地刺激我們水平思考的能力。

網站名稱：ラテシン（橫思）URL:http://sui-hei.net/

第2章

序章　了解解決問題的思考方式

第1章　問題解決的王道

案例分析基本篇

使用不同的思考方式解決問題

本章以麵包店為題材列舉5個案例，並透過這些案例學習邏輯、水平、批判性這三大思考法的區別以及各個情況下最適合的解決方案。

第3章　職場常用的商務思考框架

第4章　案例分析實踐篇　學習知名案例

案例的解讀方法

各種情況下的問題與解決問題的方式

想要掌握商務思考的使用方法，就必須切身體驗各種思考方式的基本模式。在明白自己需求的情況下學習，就能幫我們更好地找到靈活使用各種思考方式的感覺。

需要注意的是，同樣是體驗不同的商務思考方式，在不懂基本知識以及一般原則的情況下挑戰，與在知道大致資訊的情況下來挑戰，兩種情況的效果截然不同。反正都是挑戰，何不朝著更有成效的一方努力呢？

本章一共會提供5個案例。接下來就和代替你回答問題的以下3位一起學習什麼是正確的思考方式，哪裡應該改正吧。

麥夫

使用邏輯思考，
腳踏實地回答問題。

芝麻彥

使用水平思考，
思考無限可能。

小照前輩

使用批判性思考，
自主設定課題。

針對各案例，我們會在開始的一頁介紹問題。接下來，運有「邏輯思考」的麥夫、「水平思考」的芝麻彥以及「批判性思考」的小照前輩會分別闡述自己的想法。

你最先想到的方法，更接近誰的想法呢？

3人的思考程度以及提升程度所必要的東西

注重邏輯的麥夫—— 會基於邏輯思考提供案例的解決方案。雖然面對能用正面攻擊法解決的問題時，用邏輯思考最為有效，但是也有很多例子是解決不了的。

如果你的想法最接近麥夫的答案，應該能透過本書感受到許多問題不止一種解決方法。

善於看到事物不同面向的芝麻彥—— 會基於水平思考解決案例。雖然在你想找到更好的解決方案時，水平思考必不可少，但也有些例子是不跳出原有條件、用更廣闊的視角思考，就難以解決的。

如果你的想法最接近芝麻彥的方法，一定會感受到在一開始就確認前提條件的必要性。

專注於關鍵點的小照前輩—— 是基於批判性思考找到問題答案的。當不知道什麼才是正確答案的情況下，批判性思考往往能為我們指出前進的方向，但是如果沒有行動力，也只是紙上談兵而已。

如果你的想法最接近小照前輩的想法，說明你已經有了高水準的商務思考力。但是千萬不要忘記在拓寬自己的分析視角的同時，深入挖掘問題，使雙方能夠保持平衡。

案例①

人氣麵包為什麼放在其他店就賣不出去了？

NICE HARVEST公司是一家致力於麵包事業的綜合食品生產公司，最近開始在直營店直接販售麵包。總部會統計直營店每天的營業額，以盡快掌握所有直營店的走勢。

分析結果發現，在日本千葉縣的一家直營店裡，「美容麵包」的銷量比較低迷。

美容麵包是一款跨時代的麵包，只要吃這種麵包皮膚就會變得細膩光滑。因此美容麵包暢銷全國，在其他直營店裡都取得了很好的成績。美容麵包絕對是一款符合社會需求的麵包，但不知為何，千葉店的銷量總是不盡如人意。

以下是在過去4個月中，千葉店的美容麵包和其他人氣麵包的銷售走勢。

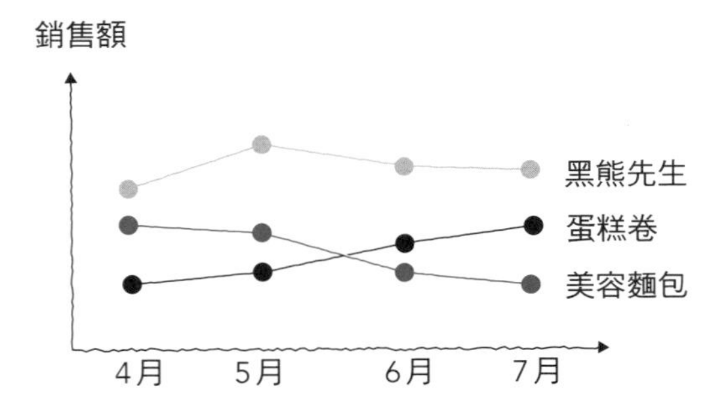

為了改善千葉店的銷售狀況，你被任命為該店鋪的負責人。那麼，想要提高店鋪的營業額，你應該怎麼做呢？

運用邏輯思考的麥夫是這樣想的……

> 利用問卷調查傾聽顧客的心聲，鎖定銷量不佳的原因，再從負責人層面制定改善行動。

拆解出導致美容麵包銷量不佳的原因，並分別制定解決方案。

想要提高美容麵包的銷售額，就需要分析如何提高顧客的購買慾望。

為此，最快的方法就是直接傾聽顧客的心聲。在結帳的時候，將問卷調查發給顧客，請他們回答購買美容麵包的體驗、對美容麵包的價格與味道的想法。

沒錯！為了提高問卷調查的回答率，還可以向填寫了問卷調查的顧客贈送本店的折扣券。

吃過美容麵包的人應該會對價格或者味道方面有一些要求，除此之外，還可以借此機會向沒有吃過的客人宣傳美容麵包的好處。先鎖定銷量不佳的原因，然後再細分各負責人應該採取的行動，最後制定出提升美容麵包銷量的方案。

講評見下頁 ➡

麥夫想法的優缺點

從因素分析到展開行動，整個過程簡單易懂！

從對美容麵包不熱賣的原因進行毫無遺漏的因素分解，到針對各原因制定具體的對策，都非常簡單易懂。把眼前的問題劃分成可以解決的大小，以提高美容麵包的銷售額入手展開探討，也能做到使問題解決的姿態前後一致。跳脫不知該如何是好的狀態中，遵照作業計畫，從負責人的層面展開改善行動。

還需要思考「本店鋪是否存在自身的問題？」

美容麵包是全國範圍內的熱賣商品。大部分直營店的銷售業績都很可觀。而卻只有千葉店的銷售額不佳，到底是為什麼呢？

雖然把焦點集中在改善美容麵包銷售額上沒有錯，但如果試著和其他店鋪比較，重新審視店鋪本身是否有可改善的地方，也許能更有效地找到改善措施。例如，假設千葉店的地區環境與其他店鋪相比有明顯的差異，那麼調查這個差異是否是導致銷售額低迷的原因，會比只對顧客問卷調查有效率得多。

雖然店鋪規模等諸多條件都非常相似，但是透過和美容麵包銷量高的店鋪來比較，很可能會得到一些新的發現。

運用水平思考的芝麻彥是這樣想的……

找出所有對銷售額有重要影響的因素，與其他店鋪比較，找出問題點。

讓人在意的是「只有美容麵包賣不出去」這一件事。其他麵包都賣得不錯，而只有某個特定的麵包銷量不好顯然很奇怪。而且，只有千葉店有這種情況，所以一定是該店鋪特有的問題。既然如此，比起只考慮千葉店的情況，透過跟其他店鋪比較找出問題點的做法更有效率。

既然如此，到底應該站在哪些角度比較分析就變得非常重要了。如果和美容麵包賣得好的店鋪互相比較，應該能夠清楚地找出兩者的區別。

如果列舉所有想得到會影響銷售額的因素，應該有消費群體、周邊設施、銷售麵包的種類、店員的服務態度、店內陳列上的差別等因素可供對比。根據這些因素整理出各店鋪的區別，參考銷量好的店鋪的做法，就能清楚地明白若要提高美容麵包的銷量，我們應該展開哪些行動。

講評見下頁
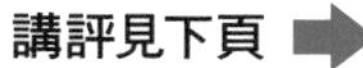

芝麻彥想法的優缺點

與其他店鋪一起比較更有效率

在分析問題時，芝麻彥沒有只深度研究千葉店本身，而是透過和其他店鋪的比較來分析差異，這種做法更有效率。如果能清楚明白其他店鋪與千葉店相比優勢在哪裡，就可以有針對性地參考其他店鋪的做法，確定改善方案。

其次，以提高美容麵包銷售額為目的找尋比較分析的方法這一點也值得肯定。但是，就算找到比較物件，如果比較方式不恰當，得到的結果也沒有參考價值。

還需要思考「真正的目的是什麼？」

麥夫的回答也同樣有這個問題——以提高千葉店美容麵包的銷售額作為解決問題的出發點。

如果你是美容麵包的銷售負責人，這種做法無可厚非。但是你的使命是提高店鋪的銷售額，所以你需要站在千葉店銷售負責人的立場，考慮合適的改善方案。

如果我們的目的是提高千葉店整體的銷售額，那麼提高美容麵包的銷售額只是手段之一。雖然整個過程中，我們確實容易把目光轉移到美容麵包的銷量上，但要注意千萬不要讓「想當然」侷限住我們應該探討的範圍。

運用批判性思考的小照前輩是這樣想的……

如果能阻止美容麵包的銷量下滑，那是再好不過的，但是也沒必要堅持賣美容麵包。

至少黑熊先生和蛋糕卷的銷量都在攀升，所以同類型的麵包可能都比美容麵包賣得好。

我們可以縮小美容麵包的銷售空間，換上其他麵包，這樣就算美容麵包的銷量下降了，店鋪整體的銷量仍可能提高。

我們的目標本來就是提高店鋪的銷售額。站在實現目標的角度上看待這一問題，提升美容麵包的銷量的確能達成目標，但也只不過是充分條件（能做到的話自然好）罷了。比較千葉店的消費群體與其他店鋪，如果喜歡美容麵包的群體確實較少，就應該換上適合千葉店顧客的麵包。

講評見下頁

小照前輩想法的優缺點

從大局出發解決問題

首先，重要的是確認清楚研究物件的範圍有多廣，以及我們面臨的情況究竟是什麼。

本案例中提出的任務是提高千葉店的銷售額，而且沒有設定具體條件。極端點來說，如果有其他比美容麵包更好賣的麵包，全部替換成該種麵包的做法也是可行的。

如果只把目光停在美容麵包上，缺乏大局觀，那麼絕對想不到小照前輩這種改善店鋪整體營業狀況的想法。所以比起沒有這種大局觀的麥夫和芝麻彥，小照前輩的做法更能從本質上解決問題。

掌握優先順序，為工作量增加做好準備

這種做法的缺點是，整頓時間會隨著涉及的範圍增加而變長，並且越有大局觀，要考慮的地方就會越多。

如果本例的研究範圍是改善千葉店整體的銷售額，那麼除了美容麵包以外，還需要分析其他種類的麵包。如果分析物件從1種增加到10種，那麼分析的工作量也會成比例增長。雖然有時候需要增派人手展開人海戰術，但如果能想清楚優先順序，確定工作重點後再展開行動會更有效率。

案例總評

麥夫（邏輯思考）的想法—— 制定一個具體的、就問題大小而言相對容易達成的行動計畫，以解決眼前的問題。這種思考角度對於需要安排工作的負責人來說是很有用的。

芝麻彥（水平思考）的想法—— 借助外力解決自己難以解決的問題。需要說服他人的小組長請務必學會這種思考角度。

小照前輩（批判性思考）的想法—— 不是如何解決每一個問題，而是首先審視有沒有做這項工作的必要，以此重新制定整個行動計畫。這種思考角度對需要決定工作優先順序、安排相應人員的管理階層來說是必要的。

麥夫的做法和芝麻彥的想法的確都很有必要，但是本次案例中我們被賦予的角色是需要改善千葉店銷售額的負責人。店鋪營業額直接影響到對該店鋪的評價，這需要你站在店鋪負責人而非作業者的角度思考問題。如果你把自己定位定得低了，就沒辦法像小照前輩那樣找出最合適的改善方案。

想要充分了解真正的需求，就先從「我們的目的到底是什麼」這一問題開始展開行動吧。

案例②
2-2 銷售額驟降的「大口麵包」

麵包直營店之一的千葉店裡「大口吃掉系列」麵包（以下簡稱為「大口麵包」）向來都是工作日賣得好，但最近週六日也開始熱賣起來。

另一方面，週四和週五的銷量卻有所減少。透過比較現在與一個月前的每日銷量，就會發現的確有明顯的下滑。

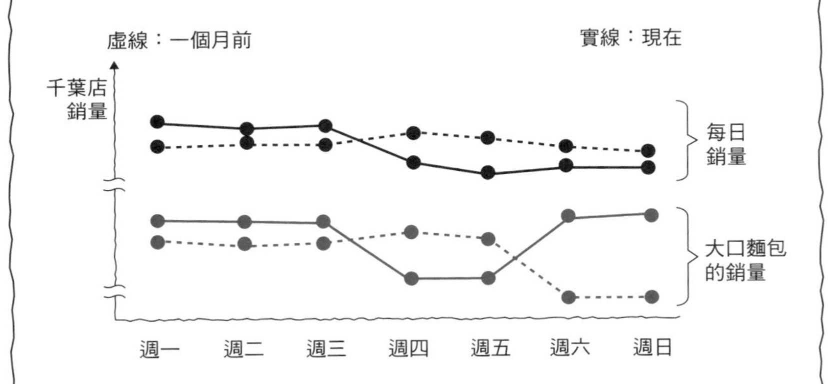

雖然銷售方式與平時無異，但銷售額卻開始持續發生變化。此外，其他直營店並沒有如此大幅度銷量變化的情況，所以這應該是千葉店特有的問題。

為了恢復週四和週五的銷量，應該怎麼做呢？請你作為店長，認真思考解決方案。

運用邏輯思考的麥夫是這樣想的……

用其他銷量好的麵包代替大口麵包，挽回銷售額。

週四和週五銷量明顯下降的大口麵包，是NICE HARVEST公司屈指可數的大分量麵包，深受大食量的男性喜愛。

其實我也很喜歡大口麵包。忙得沒時間吃午飯的時候，只要吃了分量十足的大口麵包，就有精力繼續努力工作了。

因為大口麵包有這樣的特點，所以我認為一定是它特有的某種因素導致了銷售額下降。因此，只要分析「和其他銷量好的麵包相比，大口麵包有什麼特徵」，就能知道銷量下滑的原因了。

知道原因之後，在其他麵包上驗證也有同一原因。只要減少這些麵包在週四和週五的數量，並用其他賣得好的麵包代替，就可以防止銷量繼續下降了。

講評見下頁

麥夫想法的優缺點

比較商品銷量的方法簡單有效

把麵包分為賣得不好和賣得好的，然後透過對比雙方找到提高銷量的線索。這種方法既簡單又有效。

選出在週四和週五銷量好的麵包，找到它與大口麵包之間的不同點。因為不同點中一定存在使銷售額提高的線索，只要分析因素，自然就可以找到解決問題的辦法。

- 週四和週五的銷量走勢調查
→
- 甜的點心麵包銷量最好
- 鹹的蔬菜麵包銷量也不錯
→
- 找出點心麵包、蔬菜麵包與大口麵包的不同點
→
- 找出差異點來分析，直到找出具體的改善方案

找準進攻點，更有效地使用資源

雖然仿效上一個案例，把目光集中在因素分析上是個好方法，但在本次案例中，最重要的是銷售額走勢有變化這一背景。如果店鋪和麵包都沒有發生變化，銷量卻變了，那麼最先懷疑的應該是外部環境的變化。雖然麥夫的做法也會涉及對外部環境的分析，但如果一開始就針對應該懷疑的點來研究，會更有效率。

運用水平思考的芝麻彥是這樣想的⋯⋯

不僅分析銷量下滑的原因，
還要調查銷量提高的原因，
在了解到消費群體變化的前提下考慮改善方案。

雖然週四和週五銷量下滑的確是個問題，但如果準確地切入麵包銷量變化這點，就會注意到週六日的銷量增加了。大口麵包是一種卡路里高、有特點的麵包，它的銷量應該不會毫無緣由地提高或降低。因為銷量的上升和下降是同一時期開始的，所以它們之間應該有關聯。

透過資料我們發現，週四和週五的銷量與週六日的銷量就像互換了一樣。假設消費群體也有相同的變化，那麼對調週四、週五與週六、周日的銷售商品和待客方式，是否就能看到成效呢？

雖說直覺和膽量十分重要，但是資料支援同樣非常必要。可以試著先找到週四和週五銷量下滑的原因與週六日銷量攀升的原因之間的共同點，然後再分析消費群體的變化。這樣做不僅能改善週四和週五的銷量，也許還能延續週六日的好勢頭。

講評見下頁

芝麻彥想法的優缺點

不拘泥於銷量的增加和下降，而是對變化本身敏銳

芝麻彥之所以能做到不僅關心大口麵包賣不出去的理由，同時關注預料之外的銷量漲幅，是因為他有更廣闊的視野。增也好，減也罷，對變化本身的敏銳度至關重要。

這個案例中，芝麻彥從週四、週五和週六日的變化中得出消費群體可能對調了這一假說。如果該假說成立，那麼只要把週六日銷售的麵包拿到週四和週五銷售，就有可能讓銷售額回升。現有情況下，週六日的銷量已經有所增加，今後也有望繼續鞏固這一漲幅。

如果假設不成立，那麼可以針對哪裡出了問題展開分析，最終篩選出銷量不佳的原因。

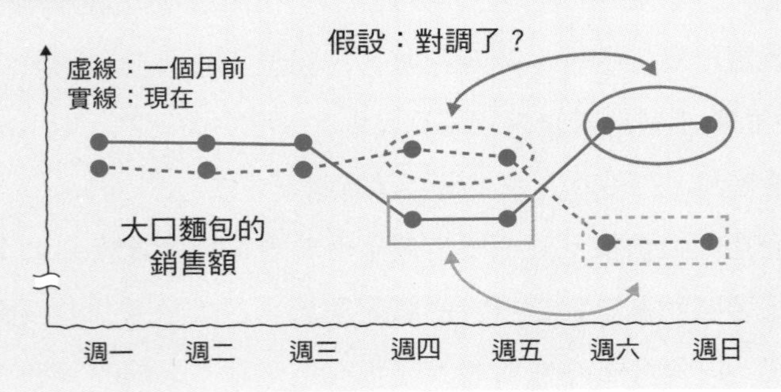

應該更深層次地挖掘注意到的現象，找出變化的根本原因

為什麼芝麻彥會覺得週六日與週四、週五的客人對調了呢？如果能對這一發現進行更深層的挖掘，就能找到變化的根源。

消費群體的交換是現象而非原因，所以依靠權宜之計是不行的。要不遺漏任何難以察覺的變化，找到現象背後最根本的原因。

運用批判性思考的小照前輩是這樣想的……

因為週四和週五的銷售額下降與週六日的銷售額增加發生在同一時期，所以如果千葉店內部沒有發生變化，就可以說是外部原因導致了這一現象的發生。

週四和週五的消費群體與週六日的消費群體對調了，也就是說人流因為某一契機發生了改變。值得注意的是，該變化涉及兩天，能導致如此大規模變化的理由一定不小，所以我們應該抱著這個認識來分析原因。

我能想到的工作日與週末兩天的人流發生對調的例子，是附近的工廠或公司的上班模式改變，變成了週末上班。在東日本大地震的時候，因為考慮到夏季供電以及區域供電的需求，汽車公司調整了部分上班日期，把週六日定為上班日。

今後也許還有其他因電力原因需要調整上班日期或換班的公司，如果我們能針對工作模式的變化制定出相應的麵包製作計畫，可能會獲得顯著的效果。

講評見下頁 

小照前輩想法的優缺點

深度挖掘假說的影響分析

小照前輩深度挖掘了工作日與休息日的消費族群對調的這一假設，從而發現了背景中的社會性變化。這種方法非常適用於範圍廣泛的影響分析。

比如，在東日本大地震發生後不久，為了響應電力公司的省電號召，日本汽車行業的很多企業把週四和週五定為休息日，將週六日調整為上班日。因此，員工經常光顧的小商店也受到了影響。

如果透過調查發現週末出勤的情況確實屬實，那麼就可以在此前提下制定提高營業額的改善方案。只要調整週四、週五銷售麵包的種類和數量，就不會因為生產過多麵包導致浪費。與此同時，還可以透過宣傳活動犒賞在週末辛苦工作的員工，以此提高店鋪的營業額。如果附近有週末休息的餐廳或小賣店，還可以透過增加鹹麵包的數量來吸引這些店的客人。

其次，在擁有直營店的其他區域，也可能有因節電需要調整上班日的企業。如果是這樣，就可以借鑒千葉店的經驗並加以活用。

多考慮一下優先順序

雖然深度挖掘假設的想法具有大局觀，並且經過原因分析後可以得到很多改善方案，但是想要執行所有方案，店鋪的人手就會不夠。之前的案例也曾涉及這個問題，如果能集中火力實施更高效的對策，就能在有限的工作時間內得到更好的效果。所以請務必抱持優先順序的觀點考慮問題。

總評

麥夫（邏輯思考）的做法—— 從挖掘並分析物件的特點著手，然後探討對策。作為分析物件的直接負責人，可以透過比較分析物件與類似物件的特點，找到解決問題的線索。

芝麻彥（水平思考）的做法—— 不僅站在賣家的角度，還要站在買家的角度分析變化的原因。透過捕捉變化的魚眼（魚眼鏡頭）來拓寬自己的視角，讓大腦閃現出發散性的想法。

小照前輩（批判性思考）的做法—— 捕捉隱藏在現狀下的巨大變化。透過分析變化的根本原因，找到更加有效的對策。

雖然麥夫的想法同樣能捕捉到周圍的變化，但是想要走到芝麻彥的假設這一步，還需要花費一定的時間。而芝麻彥又不能像小照前輩那樣，考慮到社會層面上的變化，所以不可否認，芝麻彥提供的對策也是比較局部且片面的。

不能只看到眼前的現象，找到引起變化的根本原因才是重中之重。如果水桶破了，「把洞堵住」的做法的確能應對現有的問題，但洞可能還會再破。這時不一定非要用這個破桶，還可以選擇其他水桶。不過，如果我們不去調查水桶破洞的原因，水桶就可能再次破損。

案例③
就算早起還是來不及！

直營店中的千葉店又出現問題了。

這個地區有很多要趕去首都圈上班的顧客。為了滿足上班族在清晨買到麵包的需求，千葉店早上6點就開門了。但是店鋪的工作人員也要坐電車上班，就算趕最早一班的電車，到達店鋪的時候也已經5點多了。這樣就沒有充足的時間烤麵包，導致開店時貨架上只有幾種麵包。

為此店鋪會頻繁收到顧客們的反應：「如果種類能再多一些，我也會多買一點。」雖然很想多做些麵包提高銷售額，但是如果為了增加麵包的數量而在前一天晚上做好麵包，會導致麵包口感不佳，造成顧客流失。

到底是在口感上妥協、用數量來定勝負，還是即使賣得少也堅持在早上做麵包、以此保證麵包的口感？千葉店到底應該選擇哪種方式呢？請站在店長的角度提出你的想法。

運用邏輯思考的麥夫是這樣想的……

找到影響銷售額的因素，採用對立方案區分積極因素與消極因素。

因為我們現在的做法是在早上製作新鮮的麵包，所以可以馬上調查出這種方式下的銷量。但是我們並不清楚，如果在前一天就做好麵包，會對銷售額產生怎樣的影響。

這就需要我們先找出影響銷售額的因素。

雖然增加麵包種類會帶來更多客人，但是如果口感變差了，這種麵包的銷售額也會減少。所以，為了準確把握這兩種因素對銷量的影響，我們應該每週更換早上銷售的新鮮麵包的種類，調查這些麵包到底能賣出多少。

當拿到了所有資料，再與前一天做好的麵包對比試驗，記錄麵包的種類與銷量的變化，最後判斷應繼續採用現在的方案（早晨製作）還是對立方案（提前製作）。

講評見下頁

麥夫想法的優缺點

易於評價且比較現有方案和對立方案

比較現有方案（早上製作）和對立方案（提前製作），是一種簡單易懂的方法。

首先收集現有方案下每種麵包的銷售額數據，在獲得充足資料後試驗對立方案，觀察每種麵包在銷售額上的變化情況。結果可能有兩種，一是即使提前製作也同樣能保證銷售量，二是如果不能在早上製作麵包，就會使客人越來越少。我們可以根據這個結果做出相應的判斷。

麵包種類	每小時的銷售額	早上製作	提前製作
	美容麵包	10萬日元	7萬日元
	大口麵包	12萬日元	8萬日元
	法式硬麵包	7萬日元	4萬日元

沒必要拘泥於對立方案

我們透過與現有方案比較得出了對立方案，但是為什麼一定要實施這個對立方案呢？

案例中寫到「想多做些麵包提高銷售額」，那我們想的應該是如何達成這個目標。既然想要增加麵包銷量，就應該在如何在客人變多前增加作業時間上下功夫。這樣既可以保證麵包的品質，又可以增加麵包的數量。所以從一開始就沒必要被對立方案所束縛。

運用水平思考的芝麻彥是這樣想的……

如果做麵包的時間不夠，
就增加人手來獲得更多作
業時間。

之所以想提前做好麵包，是因為早上製作麵包的時間不夠。但是這麼做又會造成麵包品質的下降。既然如此，為何不增加早上製作麵包的時間呢？

例如，你知道鐵路公司會讓需要趕乘首班車的工作人員住在公司附近的宿舍嗎？但對我們公司來說，建造宿舍的成本太高，所以可以從千葉店附近的居民招募早班工作人員。這樣一來，能在早上製作麵包的店員就變多了。

除此之外，我們還可以想辦法縮短製作每個麵包的時間。可以提高製作麵包的技藝，也可以考慮能顯著減少製程的方法。但這些想法無法立即實現，這次暫不採用。

如果早上的銷售額確實有顯著提高，那麼提高時薪、招募員工，從而增加製作麵包總工時的方法無疑是最好的。

講評見下頁

芝麻彥想法的優缺點

從其他行業的事例中得到啟示

參考其他行業如何確保在早上增加人手，是一種很有效的方法。透過對類似事例的思考，找出適合千葉店的具體方法。這種從其他事例獲取靈感、得到假設的做法非常實用。

想要增加早上的麵包銷售額，就必須增加麵包的銷售量。案例中只提到了犧牲品質、提前製作的方案，但其實只要增加早上製作麵包的人手，就可以在不犧牲品質的前提下確保麵包的數量。可以說，這是一種優於最初方案並且高效的方法。

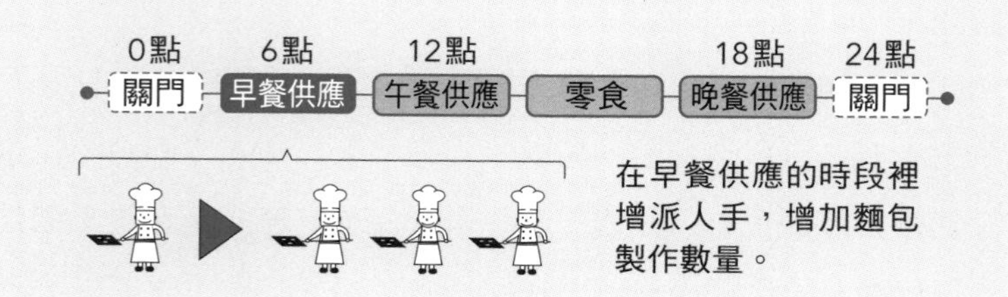

再往前進一步，衝破約束

雖然芝麻彥的思考層面更為寬廣，但是在提出方案時多少受到了現有方案與提前製作方案的限制。

在案例中，因為想要增加麵包的銷售量，所以提出了提前製作的方案。這個方案之所以沒有被採用，是因為提前製作會導致口感變差，甚至令光顧的客人減少。但是換句話說，只要能避免品質下降，就可以不增加上早班的人數。

運用批判性思考的小照前輩是這樣想的……

為了改變現狀而提出的對立方案——提前製作的方案的缺點是會使麵包品質下降。所以最終不得不選擇早上製作的方案……但是，這種認識真的正確嗎？

其實不是所有麵包都會因為提前製作而導致口感變差。

比如使用了很多奶油的丹麥麵包，只要遵守一定程序妥善保存，即使在揉好麵團、放置幾個小時之後再放入烤箱烘焙，也能夠避免品質下降。這在麵包行業是眾所周知的常識。而且無論是從口感還是營養方面考慮，丹麥麵包都非常適合當早餐，其他一些公司也會提前做好這種麵包。

還有麵包卷一類的麵包，只要在做好後妥善保存，就能保證它的味道不變，所以同樣適用於提前製作。

千葉店裡本來就有黑熊麵包（屬於丹麥麵包）、蛋糕卷這類銷量不錯的麵包，所以小照前輩的方法比增派人手的方法更容易實現。

講評見下頁

小照前輩想法的優缺點

從質疑前提開始探討

案例中說到提前製作的方案有令口感變差的缺點，但小照前輩主張「這一前提並不正確」，並以此開始探討對策。

提前製作的方案是出於想要多做麵包的目的而被提出的，除去品質的問題，其實這是最有效率的方式。但如果從一開始就沒有品質問題，就沒必要非在早晨製作的方案上下功夫了。而且，千葉店裡本來就有丹麥麵包、蛋糕卷這類可以提前製作的麵包，這樣又省去了開發新麵包的時間。

比起需要給早班的工作人員支付相對較高的薪水，在前一天晚上提前製作，讓夜間工作人員完成最基本的作業，對控制人事費、提高店鋪收利益都有更佳的效果。

在下定決心並實施計畫前先做好試驗

適合當早餐的麵包種類肯定比現在供應的種類多，但是，提前做好所有種類的麵包也有很大風險。

限定幾種麵包並確認其銷售額的變化，就實際需求量進行試驗更加保險。

麵包的種類／每小時的銷售額	早上製作	提前製作
黑熊麵包	12萬日元	11萬日元
蛋糕卷	9萬日元	9萬日元

就算提前製作，銷售額也沒有太大的出入。

總評

麥夫（邏輯思考）的做法—— 比較現有方案與對立方案，探討兩者對銷量的影響（正面或負面）。因為用這種方法選出的要素很容易對比，所以得到的結果也能讓所有人一目了然。

芝麻彥（水平思考）的做法—— 換一個思考方式，改善現有方案的缺點。透過比較現有方案和對立方案，找到第三種更佳方案。

小照前輩（批判性思考）的做法—— 質疑對立方案的前提。重新審視前提條件，能幫助我們找到更有效的選擇。

對默認案例中所有條件都正確的麥夫來說，小照前輩的想法也許就像異世界的產物。

這一次，小照前輩剛好知道有一些麵包就算提前製作也不會影響口感，所以有了此次突發奇想。但其實就算沒有這個知識儲備，擅長驗證前提正確性的小照前輩也會詢問了解麵包特性的人，最終得出相同的結論。

芝麻彥的想法稍微有些可惜。他選擇改善麵包製作時間不足這一缺點，這是很棒的想法，但是如果能再想想是否還有更有效的做法，並廣泛考察其他公司，想必會得到和小照前輩同樣的答案。

水平思考的特徵是在外部尋求答案，這可以說和批判性思考中的「質疑前提」是相通的。

案例④

減少因銷量不佳帶來的浪費

NICE HARVEST公司生產的麵包除了放在直營店販售，還需要出貨給全國的合作店鋪。

其中，使用新鮮蔬菜作餡料的「清脆麵包」很受歡迎，雖然是銷量居高不下的主力商品，但日銷量會忽上忽下，差距很大。

最令人頭疼的是對原料——新鮮蔬菜的管理。採購前一周必須決定購買的數量，並請合作的農家在當天早上派送新鮮蔬菜。基於這種麵包本身的特點，不能因為前一天賣得不好就請對方隔天再送。雖然很浪費，也只能把剩下的蔬菜全部扔掉，並在第二天使用最新鮮的蔬菜，如此循環往復。

如果想要減少浪費，在不影響清脆麵包銷量的前提下控制每天的出貨量，應該怎麼做呢？請你作為NICE HARVEST公司的麵包生產負責人認真思考這個問題。

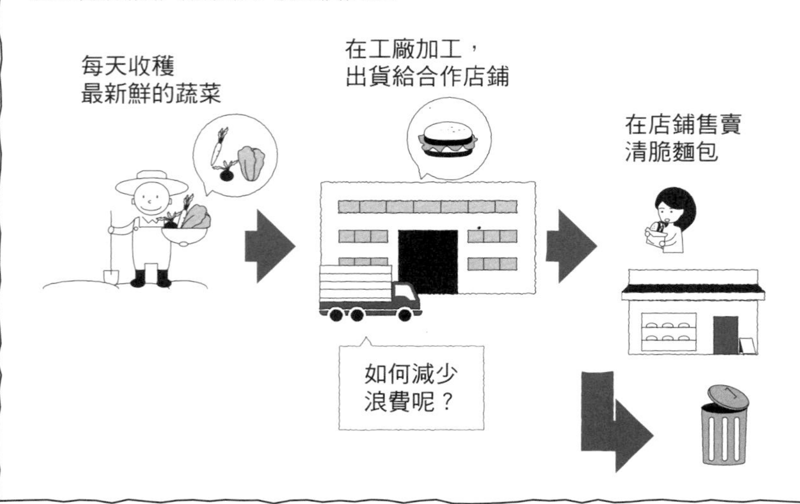

運用邏輯思考的麥夫是這樣想的……

調查且統計影響銷售額的因素，提高對銷量的預測精確度。

我們現在已知的是，出給合作店鋪的清脆麵包銷量很不穩定。只要研究這一點，提高對清脆麵包銷量的預測精確度，就能減少浪費。

為此，我們應從找出影響清脆麵包銷量的因素入手。比如，是否會受到季節、天氣或氣溫、地區活動等影響。紀錄可能會影響顧客食慾的因素及銷量變化，多少能發現一些傾向。

如果把這些因素作為評價指標，並收集資料，就有望提高對銷量的預測精確度，從而逐漸減少清脆麵包的浪費。

講評見下頁 

麥夫想法的優缺點

正統且能夠定量解決問題

只要能準確預測賣出多少麵包，就能避免因出貨過多導致浪費。從這個方面看，提高預測能力以減少浪費是最正統的方法。

比較工廠生產的麵包總數與合作店鋪的銷售數量，把零差距作為目標，控制工廠的出貨數量，就可以最大限度地減少浪費。這種制定預測指標、收集實際資料來提高銷量預測精確度的做法，能夠幫助我們定量地改善現狀。

靈活應對那些無法預測的外部因素

如果在收集資料期間外部條件發生了變化，那麼我們能判斷是什麼因素引起了銷量變化嗎？比如電視節目上提到含有蔬菜的麵包對健康有好處，那麼銷量勢必會暫時提高。但是你能正確判斷電視節目對銷量有幾成影響，其他因素又有幾成影響嗎？

其次，就算正確預測了所需數量，如果不能控制新鮮蔬菜的進貨量，那麼同樣會剩下蔬菜。

為此，我們或許應該以蔬菜剩餘為前提，考慮是否還有其他用途，探尋減少浪費的方法。

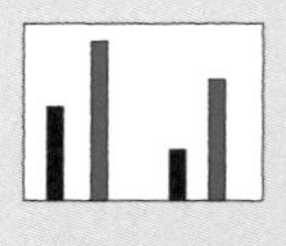

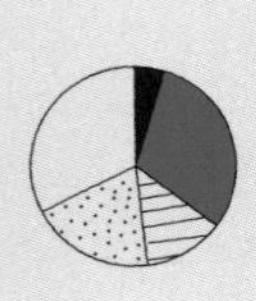

運用水平思考的芝麻彥是這樣想的……

提高銷量預測精確度以減少浪費是正面進攻的方法，既然提高精確度如此簡單，那為什麼公司會被這個問題困擾至今呢？

於是我想到，可以將「產生剩餘」作為前提，把剩餘的麵包加工成其他商品。

在將清脆麵包從麵包工廠派送到合作店鋪的時候，可以增加派送的次數，分批出貨。如果當日銷量不太樂觀，就取消最後一次出貨。

沒有出貨的那部分麵包本應使用的新鮮蔬菜就可以冷藏起來，用於那些品質不容易受到影響的加工麵包上。這樣一來，既可以減少浪費，又不會影響銷售額。

不過，想要實現這種方法，就需要像便利店那樣增加兩到三次的派送，不僅如此，還要建立一個新機制，在傍晚增派人手，負責派送取消時的聯絡工作。

講評見下頁 ➡

芝麻彥想法的優缺點

轉換思考，以「產生剩餘」為前提

想要提高銷量預測精確度過於理想化，而以「產生剩餘」為前提進行改善的想法值得稱讚。

要實現麥夫主張的提高銷量預測的精確度，較耗時，而且很難準確預測在此期間的大環境變化。既然如此，還不如把本來會被扔掉的原料拿來加工、售賣，這樣既能減少浪費，又能提高銷量。

正因為芝麻彥能跳出清脆麵包的範疇，才會想到這個方法。

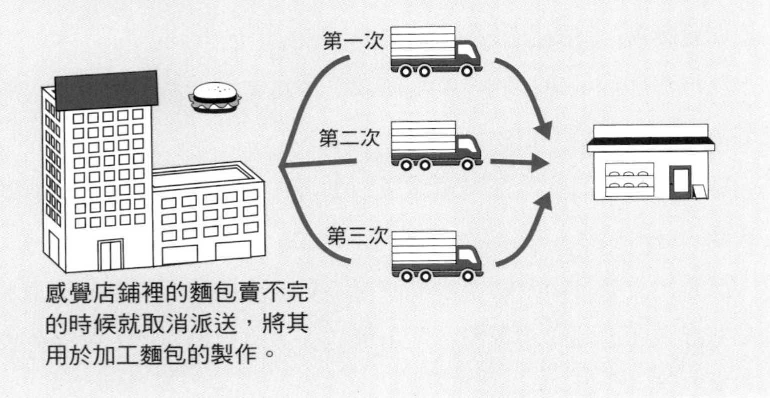

應嘗試研究對供貨源頭的控制

如果把剩餘原料用於麵包加工，那麼剩餘量越多，越有可能導致新加工麵包的滯銷。

所以最好的辦法還是控制剩餘量。芝麻彥和麥夫的想法僅侷限於NICE HARVEST公司和合作店鋪上，但是如果能夠控制提供新鮮蔬菜的農家，將更加有助於削減剩餘數量。

運用批判性思考的小照前輩是這樣想的……

由於清脆麵包每天的銷量都不同，還要根據預測提前一周決定採購量，這讓庫存管理工作變得很困難。

既然如此，如果我們能儘量控制新鮮蔬菜的進貨程序，就不會有這個煩惱了。比如，增加蔬菜的出貨次數，分批次一點點進貨。請合作店鋪整理當天的銷售情況，如果感覺賣不完，就依照合約取消農家的最終送貨。

而作為農家，一定希望儘早確定出貨量，那麼必須購買預測量的80%，剩下的20%可根據當日的銷售情況再做決定的折衷方案將是最優解決方案。

如果農家找不到購買剩餘蔬菜的買家，NICE HARVEST公司可以以相對便宜的價格購買這些蔬菜用於加工麵包。這樣做既可以和農家保持緊密的聯繫，又可以減少損失。

講評見下頁 ➡

小照前輩想法的優缺點

基於價值鏈的最優庫存管理

從確保清脆麵包必需的食材到擴大銷路，在整個過程（價值鏈）中思考最優的庫存管理方式，這是一種非常合理的方法。

因為農家也希望送貨量可以穩定一些，為了增加可行性，可以和農家簽訂一定量（八成左右）的購買合約。這樣一來，農家也更願意協助我們。此外，我們還可以建立一個安全網，用相對便宜的價格購買剩餘的蔬菜，用於加工麵包的製作，從而消除農家對蔬菜滯銷的顧慮，進一步獲取農家的認同。

應準備多個應對蔬菜滯銷的對策

這是在比較了邏輯思考、水平思考的方案之後得出的較佳折衷方案。

但這個方案的瓶頸是，若農家的蔬菜滯銷，可以按照便宜的價格賣給NICE HARVEST公司這一點。如果能提供其他銷售途徑，那麼小照前輩的方案就會受到更多農家的認同。

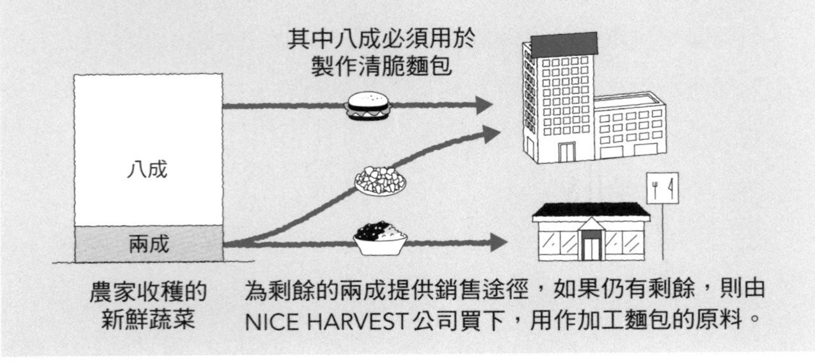

總評

麥夫（邏輯思考）的想法—— 透過因素分析與資料收集提高銷量預測精確度。庫存管理的基本在於權衡生產預測和銷售預測，這是一種正統的改善方法。

芝麻彥（水平思考）的做法—— 放棄「消除」剩餘，認可它的「存在」，並為它找到新用途。這種做法比花時間提高預測精確度更高效。

小照前輩（批判性思考）的做法—— 在預測銷量的同時，摸索無須承擔風險的方法。這種方法會盡可能地擴大公司的控制範圍。

芝麻彥與小照前輩的區別在於，是否掌控了農家這一供貨源頭。此外，小照前輩規定必須購買蔬菜收穫量的80%，但想要實現這一想法，還需要達成麥夫提出的「提高預測精確度，把誤差縮小在兩成以內」這一目標。可以說小照前輩的想法同時彌補、匯總了麥夫和芝麻彥雙方的想法。

邏輯思考與水平思考都會選擇在自己能掌控的範圍內思考，而批判性思考會抱著質疑前提的觀點，以更寬廣的視角思考如何在價值鏈上掌控各要素。

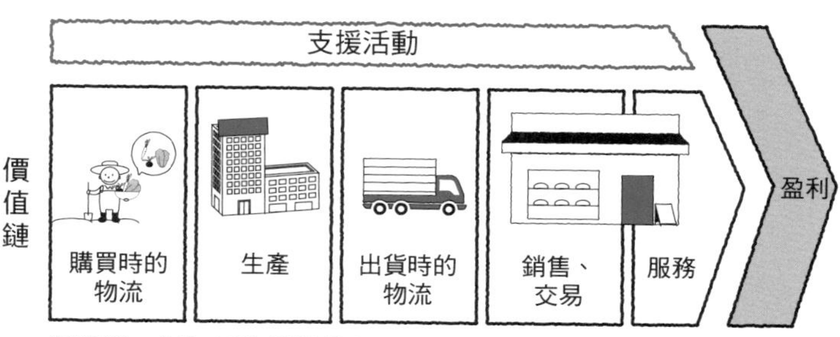

價值鏈，指把價值提供給客戶的一系列活動的具體體現。

案例⑤ 打工仔總是扯後腿，真受不了！

出於隱私，詳情不能完全公開，但是在直營店發揮重要作用的中堅力量——玉子小姐（化名）向店長提出了以下意見。

我是火腿次郎（化名）的指導人，但無論我怎麼教他，他都學不會，這讓我十分困擾。讓他訂貨，經常會發生多訂一位數的情況。把製作麵團的工作交給他，又會因為他的製作手法馬虎草率，導致口感很不穩定。因為他屢屢失誤，包括我在內的很多工作人員都需要拿出自己的工作時間來彌補。現在他的行為已經影響到了業務，所以希望能辭退他，招聘別的員工。

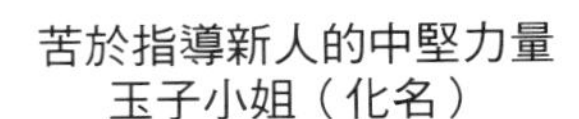
苦於指導新人的中堅力量
玉子小姐（化名）

如果要換人，從招聘到錄用，所有手續辦下來至少需要一個月。但是現在這家店的人手已經很吃緊了，每個人的工作量都很滿。如果現在就辭退火腿次郎，店裡的排班就會出現人手不足的問題。

請站在店長的立場上考慮，應該如何處理這種情況。

運用邏輯思考的麥夫是這樣想的……

既然主持店鋪的玉子小姐都這樣說了，想必火腿次郎一定有什麼不對的地方。應該儘快做準備，招聘新員工。

如果現在他不在了，就沒辦法排班，所以應該在招聘過程中完成可以同時進行的工作，確保用盡可能短的時間招到新員工。

比如一邊在招聘雜誌上刊登資訊，一邊在店鋪為接收新人做好必要的準備。

對了，為了讓招聘過來的新員工能迅速提高戰鬥力，應重點檢查火腿次郎容易犯錯的專案。對容易犯同樣錯誤的地方重點指導，提前準備好流程筆記，避免新人犯同樣的錯誤。

講評見下頁 

麥夫想法的優缺點

重視早期的準備工作

麥夫為了迅速解決已經發生的問題，想要提前找出可以在招聘同時完成的工作，這一點值得肯定。此外，他從預防問題再次發生的觀點出發，改善已有問題點，以此預防新人出現和火腿次郎相同錯誤的做法也很好。

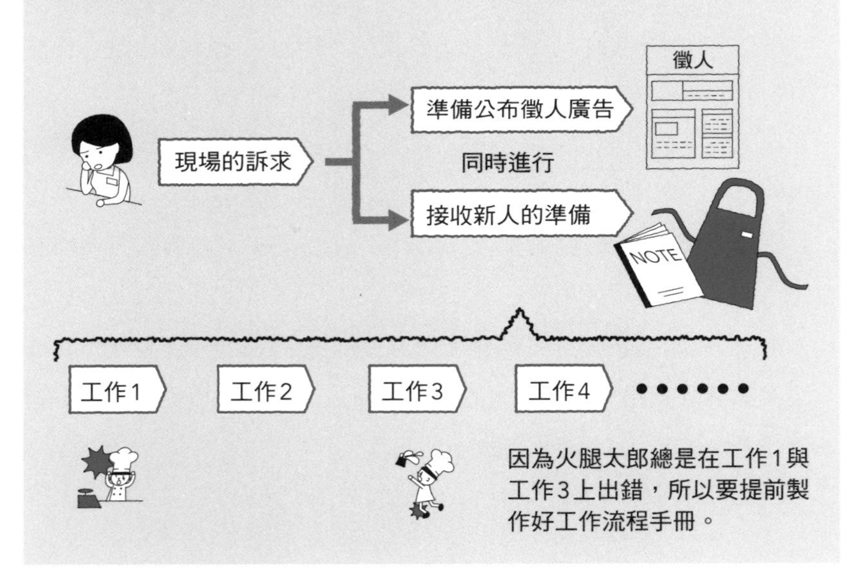

多參考其他店鋪的例子

相信很多招聘兼職的店鋪都雇用過笨手笨腳的員工。NICE HARVEST公司的多家直營店都招募時薪員工，所以何不問問其他店鋪都是怎麼克服難題的呢？

雖然自主尋找解決方案的態度非常重要，但如果其他店鋪有自己的技巧訣竅，也許我們能從中獲得解決方案的靈感。

運用水平思考的芝麻彥是這樣想的……

在我們周圍有時會聽到，「從來沒有遇到過這麼笨手笨腳的店員」這樣的抱怨。作為店長確實可以決定對該店員的處理方式，但突然就將其辭退，未免過於粗暴。

其他店鋪又是如何對待這種屢屢失誤的店員呢？也許可以找方法幫助他，感覺還是多調查一下比較好。特別想了解的是，笨拙到什麼程度的員工可以透過周圍人的幫助有所改進，變成獨當一面的員工。

辭去該店員再簡單不過了，不過想要雇用新員工不僅要花費相應的廣告費，還要重新培訓新員工。所以火腿次郎能有所進步就再好不過了。如果參考了其他事例後，仍然認為招募新員工的方案比較好，就應儘快決定火腿次郎的去留問題。

講評見下頁

芝麻彥想法的優缺點

把新方案中容易被忽略的成本問題也考慮在內

雇用新員工的方法既花錢又耗費精力。

刊登廣告需要花廣告費，製作廣告底稿同樣需要時間。而且辭去火腿次郎後，還要和新員工重新簽訂合約，業務培訓也要重新展開，新人指導者必須再次傳授相同的內容。

不拘泥於眼前的得失，而是做出長遠的判斷，這就是水平思考特有的思考方式。從大局出發，既然招聘新員工如此麻煩，繼續培養笨拙的打工仔也許更划算。

至於該不該辭退火腿次郎，可以根據以下標準比較判斷。

雇用新員工的花費
●廣告費、從招聘到錄取花費的時間、新人培訓費用、指導者花費的時間
●風險：如果不能招到比火腿次郎優秀的員工怎麼辦？

> or <

繼續雇用火腿次郎的花費
●追加的培訓費、指導者花費的時間
●風險：就算繼續培訓、增加指導者的支援，火腿次郎也未必有所長進。

試著質疑玉子小姐這一前提

芝麻彥把玉子小姐所言非虛當作前提展開行動，但這是合理的判斷嗎？

也許是玉子小姐的指導方式有問題，才導致火腿次郎對業務熟悉得很慢。也可能是作業順序本身就過於複雜，讓火腿次郎屢屢遭遇失敗。

若是火腿次郎外的其他方面出了問題，試著驗證其他部分呢？

運用批判性思考的小照前輩是這樣想的……

如果只聽玉子小姐一人所言，會認為只要辭掉火腿次郎，雇用新員工就可以解決問題。但是，「錯一定在火腿次郎」這一前提真的正確嗎？

如果新來的員工也和火腿次郎犯了同樣的錯誤，就說明問題不在火腿次郎，而在玉子小姐的指導方法或作業順序上。想想招募新員工所花費的精力和成本以及火腿次郎本身，就不是道歉能夠彌補的了。

為了避免提出錯誤的對策，有必要假定火腿次郎以外的因素同樣存在問題，調查現狀，並在此基礎上實施改善方案。

如果發現是玉子小姐的指導方式欠妥，或作業流程過於複雜、不應全部交給火腿次郎完成，就需要針對問題改善，並確認改善效果。

如果火腿次郎依然持續犯錯，那就如玉子小姐所說，問題出在火腿次郎身上。

講評見下頁

小照前輩想法的優缺點

懷疑大家不曾懷疑的前提，從而減少判斷失誤

大家之前的想法都是基於玉子小姐的意見正確無誤這一前提提出的。而小照前輩先提出：「這個意見真的正確嗎？」這一疑問，然後再思考狀況，從而能夠減少判斷失誤。

無論是否辭退火腿次郎，周圍的人都需要根據相應情況付出精力來應對，所以必須慎重地做出判斷。

如果驗證結果表明，確實是火腿次郎不夠努力，這時再用麥夫或者芝麻彥的方法也未嘗不可。

你說的是
真的嗎？

這麼說來……
也許我做得還
不夠。

制定對策時，應考慮時間問題

想要實現小照前輩的想法，需要多多比較麥夫和芝麻彥的想法，所以制定計劃時應考慮到時間這一要素。

在決定是否辭退火腿次郎上耗時越多，玉子小姐以及其他工作人員的負擔就會越大。如果最後還是決定招募新員工，那麼還要進行廣告定稿→面試→錄用→新人培訓，這又要花費很多時間。

如果可能的話，可以為招聘新員工做兩手準備，提前準備好手續資料，一旦需要招聘，就能馬上實施了。

總評

麥夫（邏輯思考）的做法—— 提前把最簡單的手續整理出來，以確保新員工的招募。為了順利推進工作，先釐清應該做什麼、怎麼做，再進行有效的分配。

芝麻彥（水平思考）的做法—— 在過去的案例中尋找判斷標準。參考他人的判斷，可以有效避免做出錯誤的決定。

小照前輩（批判性思考）的做法—— 從驗證問題本身的正確性開始著手。因為問題帶有當事人的主觀情緒，所以需要從各方面確認其正確性，以此預防誤判。

我們應從至今為止接觸的所有案例，特別是本次案例中學習到：一定要對眼前的問題有客觀的把握。就算是老手也有判斷失誤的時候。能夠挽回的錯誤還好，如果事關金錢及信譽，問題就無法挽回了。

和小照前輩相比，麥夫過於相信周圍人的意見。雖然他的行動力很強，但是容易以偏概全。

芝麻彥喜歡從多個角度觀察事物，所以自然會考慮到多方面的意見。但是，這樣會變得過於依賴先前發生過的案例，而不擅長處理自己沒有經歷過的問題。

因此，從零出發、思考「我們最應該做什麼」的小照前輩的方法最有效果。但是，因為需要探討的範圍比較大，必須設定好優先順序。

面對不同的場景，需要靈活地選擇不同的思考方式。下一章將會介紹各類思考方式下能夠解決問題的工具。

專欄② BMW的徵人考試

最後到底能賺多少錢？

所處的立場不同，思考的方式也會有所不同。據說在知名高級轎車品牌BMW公司的面試中曾出現這樣一道試題。

「有一個人拿800日元買了一隻雞，以900日元賣出去以後，又用1,000日元買進，最後再用1,100日元的價格賣出。請問他一共賺了多少錢？」

這道問題的答案能反映你的思考程度。

● 回答「賺了200日元」的人

回答200日元的人最多。雖然從計算的角度來說答案是正確的，但因為完全沒有考慮到買賣行為中產生的人工費，很遺憾不能予以錄用。

● 回答「賺了100日元」或「不賠不賺」的人

考慮到了雇主需要支付的工錢（經營成本），懂得要將其與買賣中賺到的錢相抵銷。但考慮仍不夠充分，可以作為備選人員。

● 回答「賠了100日元」或「不止賠了100日元」的人

這個回答考慮到了最可觀收益與現狀之間的差異。雖然最後這隻雞賣了1,100日元，但如果在用800日元買到雞以後，馬上就用1,100日元賣出，完全可以賺300日元。而實際上是先以900日元賣出，然後用

1,000日元買入，最後才賣到1,100日元。這樣收益就只停留在了200日元。因此可以說，至少錯失了多賣100日元的機會。

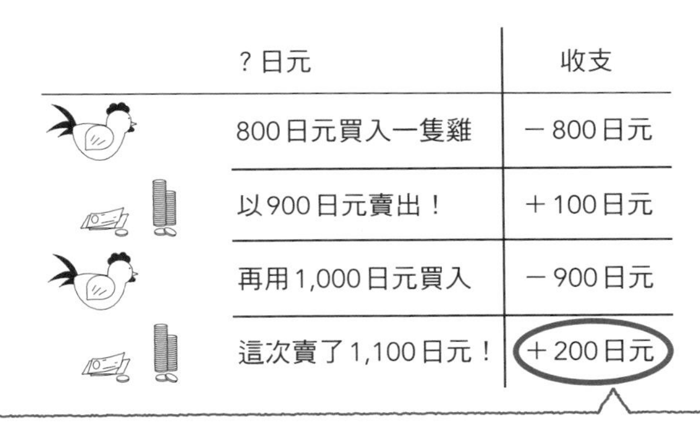

？日元	收支
800日元買入一隻雞	－800日元
以900日元賣出！	＋100日元
再用1,000日元買入	－900日元
這次賣了1,100日元！	＋200日元

即使面對同樣的問題，由於認知上的不同，有人會回答「賺了200日元」，也有人會回答「賠了100日元以上」。與之類似，就算使用同樣的思考方式，認知差異也會導致不同的回答。

順便一提，據說這是中國BMW公司出的題目。為了方便理解，我在這裡用日元表述，但是網路上轉載的題目中的單位是人民幣。也許正因為中國現在的物價急劇上漲，才會如此重視這種能敏銳察覺暢銷的時點，並抓緊機會銷售一空的能力。

接下來我再介紹一個網路上提到的，能說明思考方式可以改變回答的例子。

專欄② BMW的徵人考試

2+2等於幾？

有一位數學家、一位統計學家以及一位會計師參加了某企業的招聘，面試官讓他們三人分別進入單獨的房間，並提出以下問題。

「2+2等於幾？」

數學家的回答

數學家：「4。」
面試官：「你確定嗎？」
數學家：「是的，的確是4。」

統計學家的回答

統計學家：「平均為4。」
面試官：「你確定嗎？」
統計學家：「雖然有10%的誤差，不過大約是4。」

會計師的回答

會計師：「是4。」
面試官：「你確定嗎？」
會計師：「……」
（站起來鎖上門，放下窗簾，走到面試官的旁邊）
會計師：「那……您想做成多少呢？」

這是一個很典型的例子，面對同樣的問題，不同特性的人會給出不同的答案。數學家會給出嚴謹的回答，統計學家允許一定的誤差，而會計師可以按照要求操控數位。這個例子聽起來就像個美式笑話。

人們還在網上惡搞了其他一些職業對該問題的回答。在此舉出其中兩個格外有意思的回答，分別是業務和開發。

業務人員的回答

業務人員：「雖然現在我只能做到4，但是透過努力應該能調整到4.2。」

開發人員的回答

開發人員：「應該是4吧。業務接受了？那我可不管，你讓他們去做吧。」

（http://blog.livedoor.jp/kigyouhoum/archives/52510788.html）

雖然沒有說明是哪個行業，但不禁讓人聯想到IT行業的日常工作。在IT行業，經常會有一些業務不顧系統開發方的難處，輕易接受產品訂單。也許是苦於系統開發的人員編了這個段子諷刺業務吧。這個段子非常能引起從事IT行業的人員的共鳴。

想必大家已經能夠理解為什麼立場、思考方式的不同會造成千差萬別的結果了吧。

最重要的是，我們應該有意識地思考自己該站在誰的立場上解決問題，明白清楚想看到你的成果的人最期待的是什麼。

第3章

序章　了解解決問題的思考方式

第1章　問題解決的王道

第2章　案例分析基本篇　使用不同的思考方式解決問題

職場常用的商務思考框架

為了讓大家在任何場合下都能熟練運用這三大思考法，本章會結合一些小案例，向大家介紹10種不同切入點下的22種商務思考框架。

第4章　案例分析實踐篇　學習知名案例

為熟練使用各類思考法而應掌握的思考框架

整理思考的固定模式

在第1章中，我們介紹了支援邏輯思考、水平思考、批判性思考（以下將這三種思考統稱為商務思考）的思考方式。

邏輯思考建立於演繹法和歸納法的基礎上，是有邏輯地劃分事物（要素分解）的縱向思考。

水平思考建立於類推思考和假說思考的基礎上，把目光集中在選擇的多樣性上，從眾多選項中找出最高效的解決方法，是一種橫向思考方式。

批判性思考建立於辯證法和反證法的基礎上，是從認清目的開始尋找解決方法的探索性思考。

為了讓大家理解三種不同的思考法，我在第2章中透過案例向大家解釋了詳細的思考過程。

運用邏輯思考的麥夫、水平思考的芝麻彥以及批判性思考的小照前輩的回答各不相同，我想大家應該能透過他們的發言感受到三種思考法的區別。

在第3章中，我會向大家介紹一些有助於熟練掌握商務思考方式的框架。既然思考法本身就有所不同，那麼使用到的框架自然也會不同。在本章，我將把「整理思考的固定模式」簡稱為「框架」，按照切入點的不同來區分經常使用的框架，再分別介紹。

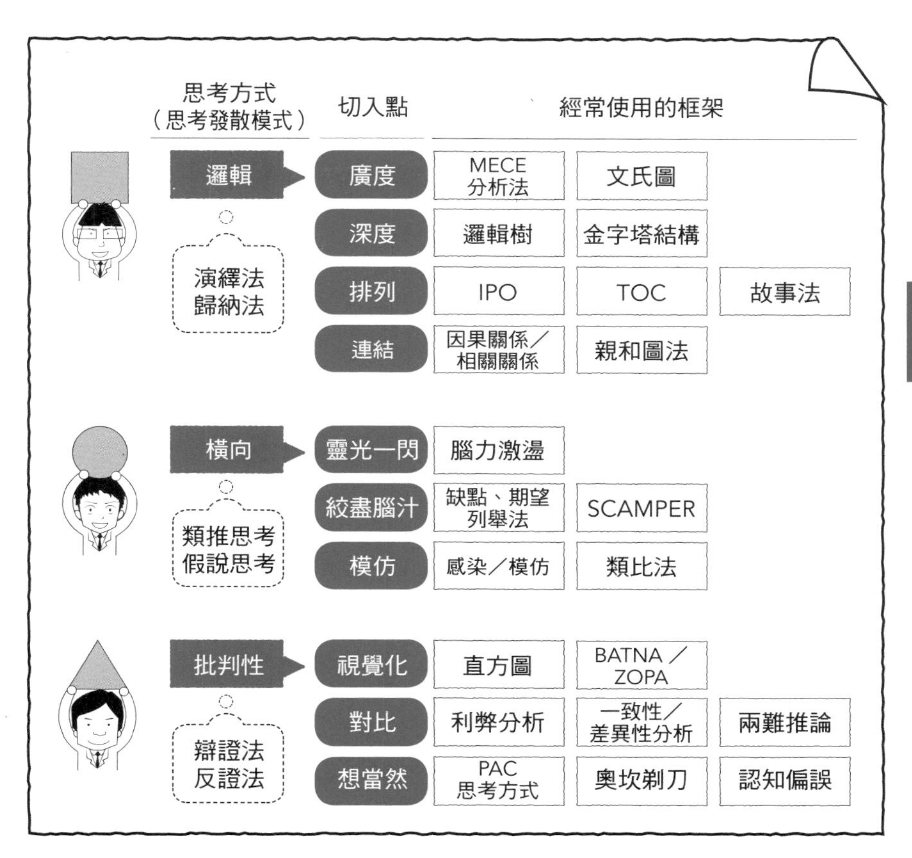

※分不清思考方式與思考發散方法關係的讀者可以回顧一下第1章（22頁起）！

在經常用到的切入點中，邏輯思考有4種（廣度、深度、排列、連結），水平思考有3種（靈光一閃、絞盡腦汁、模仿），批判性思考也有3種（視覺化、對比、想當然）。

加起來一共有10種、共計22個框架，只要能掌握其中幾個，解決問題的切入點就會自然而然地浮現在你的腦海。

接下來，我會分別說明與這些切入點息息相關的框架。

3-2 有助於邏輯思考的框架

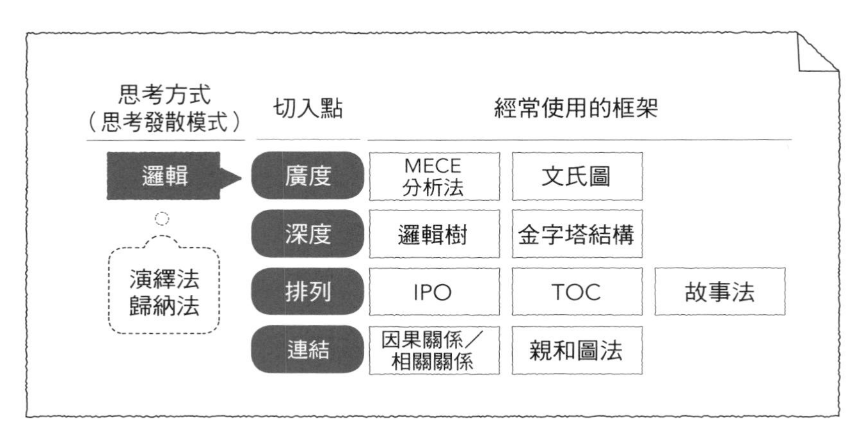

邏輯思考的4個切入點

邏輯思考中為人熟知的切入點是物件的廣度和深度。但是，想要充分活用這種分解要素的思考方法，就必須再加上兩個切入點——關係到要素之間的順序與關聯性的排列和連結，加起來一共4個切入點。

至今為止多次說過，邏輯思考是把要素分解成多個可以解決的問題的思考方式。想要劃分要素，就必須知道物件的範圍以及詳細的內容。這就是我們所說的廣度和深度。

其次，被分解的要素之間相互又有連結。擁有先後關係的是排列，其他則屬於連結，從這些切入點進行整理，才不容易遺漏要素。

常用於邏輯思考的9個框架

邏輯思考中共有4個切入點，而每個切入點下又有多個框架。

「廣度」下常用的框架是MECE（Mutually Exclusive Collectively Exhaustive）和文氏圖（Venn Diagram）。前者是無遺漏無重複的因素分類方法，後者是用圖表的形式來說明MECE分析法。

「深度」中常見的框架是邏輯樹（Logic Tree）和金字塔結構（Pyramid Principle）。前者透過自上而下地將對象簡化，使其能被充分驗證。後者是自下而上不斷積累，直到達到結論這一頂點。

「排列」中最有名的就是IPO（Input Process Output）、TOC（Theory Of Constraints）和故事法。IPO是確認開始條件與結束條件，TOC是發現作業過程中的瓶頸，故事法是按照順序檢查事物的一致性。

「連結」方式中，因果關係／相對關係和親和圖法（Affinity Diagram）至關重要。前者是找出因素間的相互影響以及影響的原因，後者透過分類物件找到根本原因。

這裡列舉的9個框架，能幫助你熟練運用邏輯思考法。從下一頁開始，我們將和擁有邏輯思考的麥夫一起學習如何使用這些框架。

邏輯思考框架 ①廣度 MECE

以下情況為使用時機

小照前輩：「麥夫，你能把從千葉直營店回收的顧客問卷調查表分一下類嗎？」

麥　　夫：「好的！要怎麼分類？」

小照前輩：「我想以年齡分析。就從10歲開始，每10年分為一類吧。」

麥　　夫：「如果回答的人不到10歲怎麼辦？而且如果把年紀比較大的人分得太細，回答應該會比較少吧？應該還有一些沒有填寫年齡的問卷吧。」

小照前輩：「那就用『20歲以下』和『60歲以上』區分吧。還有，能以性別分類嗎？如果沒寫年齡，就歸到『年齡不詳』這類吧。」

麥　　夫：「我知道了。那就分成20歲以下／20歲～30歲／30歲～40歲／40歲～50歲／50歲～60歲／60歲以上／年齡不詳，並按性別分類整理。一共有14種，對吧？」

什麼是MECE？

MECE是Mutually Exclusive and Collectively Exhaustive的簡稱，即不重複（Mutually Exclusive）、無遺漏（Collectively Exhaustive）的整理方法。

能完美地分解要素

使用MECE分析法分類，可以消除那些雜亂無章以及跨分類的要素。透過這種方法整理好的要素能在匯整時為我們省去大量時間，並且非常適用於資料再利用。

分類的訣竅在於：著重在需要整理的要素兩端。下面這種整理方法是使用「以上」「以下」等指定範圍的詞語，把對象數較少的兒童以及年齡大的老人群體化，避免問卷調查的年齡層分布出現人數過少的情況。

上述案例中，如果直接聽從小照前輩的要求，會很難把問卷調查分類，因此麥夫提出了新的分類方式。透過這種方式，既能分別統計性別，又能活用年齡不詳的問卷，同時也不會讓問卷的年齡分類變得過於瑣碎。

問卷

	男	女
20歲以下	7張	5張
20歲～30歲	19張	32張
30歲～40歲	21張	29張
40歲～50歲	15張	23張
50歲～60歲	8張	14張
60歲以上	3張	10張
年齡不詳	2張	12張

雖然小照前輩委託我按照年齡分類，但遇到年齡不詳的問卷就不知道該怎麼分了。不僅是對未滿10歲的人，在分類60歲以上的人群時，也不知道是否要明確區分到70、80、90還是100歲。

邏輯思考框架
②廣度 文氏圖

以下情況為使用時機

小照前輩：「麥夫，你之前不是幫我整理過一份調查問卷嗎？下周我要在會議上報告，麻煩你簡單整理成一張PPT。」

麥　　夫：「怎麼整理才能讓人覺得簡單易懂呢？」

小照前輩：「嗯……之前是按照年齡層整理的，如果這次能幫我把問卷的內容用圖表的形式展現出來，在會議上就容易說明了。」

麥　　夫：「問卷調查的內容是『買麵包時你最在乎什麼（最多三項）』。我大致看了一下，好像有一半的人選擇了價格、味道、麵包種類這三項。」

小照前輩：「那就麻煩你把這三種回答的數量用圖表呈現出來。如果一個人選擇了多個選項，也要用圖表呈現出來。」

麥　　夫：「知道了。我會用簡單易懂的圖表將選擇了價格、味道、麵包種類的人數，以及選擇了多個選項的人數呈現出來。」

什麼是文氏圖？

文氏圖（Venn Diagram）是能讓人對多個集合間的關係和範圍一目了然的圖表，由英國數學家約翰・維恩（John Venn）提出。

把多個條件用簡單的方式呈現出來

這一回，小照前輩拜託麥夫把用MECE整理出來的調查結果按照內容進行分類。因為問卷調查的題目有多個選項，而回答者最多可以選擇三個，這就代表有的人只選擇了其中一個選項，而有的人選擇了兩到三個。為了簡單地把這些情況反映出來，麥夫提議用圖表呈現。

用四方形表示回答了問卷的全體人員，用三個圓表示回答率最高的三個選項。因為最多可以選擇三項，用圓和圓重疊的部分就可以表示選擇了多個選項的人。

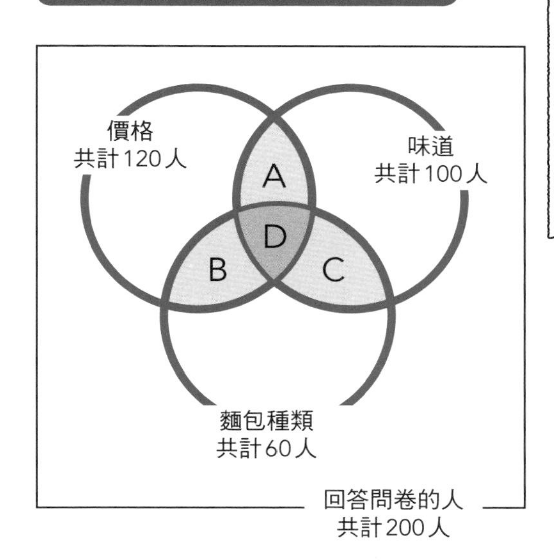

A（價格&味道）：70人
B（價格&種類）：30人
C（味道&種類）：20人
D（全選）：5人

邏輯思考框架 ③深度 邏輯樹

以下情況為使用時機

麥　　夫：「小照前輩，整理完調查問卷以後，我發現了一件有趣的事情。」

小照前輩：「就是用文氏圖整理的圖表吧。你發現了什麼？」

麥　　夫：「選擇價格的人最多，而且還有很多人回饋了如何降低成本的方法。也就是說，至少在客人眼中，我們的麵包是可以再便宜一點的。」

小照前輩：「這樣啊，確實挺有意思的。那我們把這些回答整理一下，考慮一下實際的降價方案吧。麥夫，你可以做嗎？」

麥　　夫：「好的。但因為問卷裡有很多主觀的意見，我想先整理一下降價的邏輯和要素，這個方法可行嗎？」

小照前輩：「全權交給你了，拜託啦。」

什麼是邏輯樹？

邏輯樹（Logic Tree）是將物件自上而下地以邏輯來分割，將其簡單化、具體化到像樹一樣的結構，成為多個可以解決問題的整理法。

該框架的便利之處

比起盲目行事，按照既定的方向思考更有益於想法的匯整。小照前輩要求麥夫整理出降價的方法，麥夫認為比起盲目地匯整問卷裡的意見，先整理降低成本的方法，再分類問卷中的意見更有效率。

麥夫想做的正是對主題進行要素分解的邏輯樹。在這種情況下，應分解價格這一主題的各個要素，再針對成本削減的不同要素來分類。

下圖就是麥夫整理出來的邏輯樹。

決定價格的要素有不做麵包時產生的費用（固定費用）和做麵包時產生的費用（變動費用）。進一步分解，固定費用可以分解為店鋪的租金、公司員工和兼職的工資，變動費用可以分解為製作麵包的材料費、製作過程中使用的電費、煤氣費等。

邏輯樹的特徵就是自上而下尋找答案。

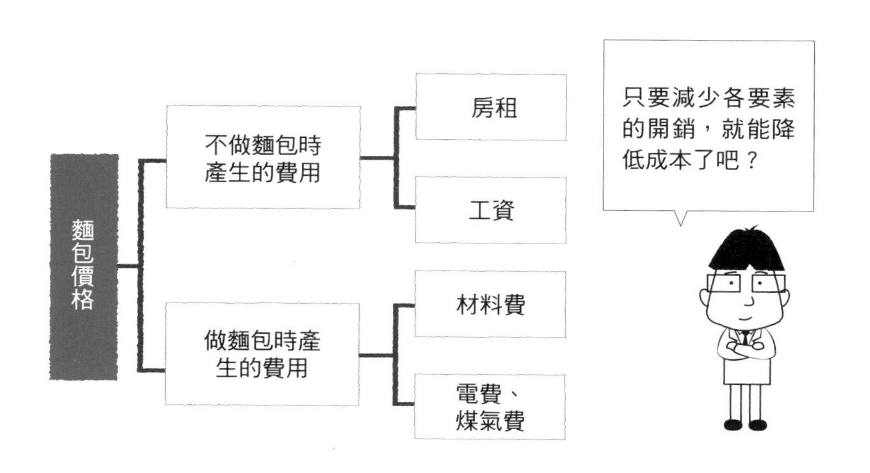

邏輯思考框架 ④深度 金字塔結構

以下情況為使用時機

小照前輩：「麥夫，減價的要素整理出來了嗎？」

麥　　夫：「整理出來了，我用邏輯樹（參見122頁）整理的。」

小照前輩：「我還想知道顧客就麵包的價格都給了哪些建議，等你整理出來告訴我吧。」

——————　半天後　——————

麥　　夫：「小照前輩，我整理了問卷裡的所有建議。其中有很多重複的內容，分析這些建議後，我發現一共有三類建議。」

小照前輩：「什麼建議？」

麥　　夫：「嗯……分別是店鋪裡的店員太多，與之類似的店員工資太高，以及在麵包包裝上花費過多。」

小照前輩：「麥夫整理的邏輯樹沒考慮到最後那個建議。」

麥　　夫：「是啊，我完全沒想到包裝費用。大家的建議很全面。」

什麼是金字塔結構？

金字塔結構（Pyramid Principle）這一整理方法，是利用各個要素自下而上地找到位於金字塔頂端的結論。

邏輯樹的補充強化

麥夫用邏輯樹整理出房租、工資、材料費、電費煤氣費這4個構成價格的要素。

本以為問卷中的建議一定屬於這4項中的一項，結果卻發現雖然降低工資的建議確實有很多，但還出現了降低包裝費用這一超出預想的建議。

這次的問卷匯整用的框架不是邏輯樹，而是透過整理實際情況或意見找出答案的金字塔結構。

正因為麥夫一開始就使用邏輯樹整理出了降價方案，才能對問卷的結果來簡單分類。分類過程中還會出現一些新建議，這時在最開始的邏輯樹中補充這些建議即可。

將金字塔結構和邏輯樹搭配使用，可以深化、改善匯整內容。

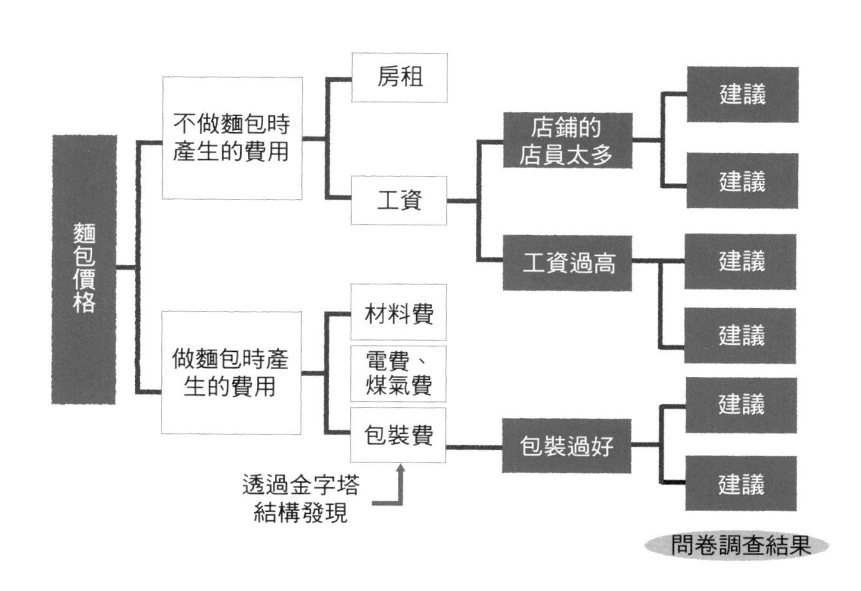

邏輯思考框架
⑤排列 IPO

以下情況為使用時機

小照前輩：「既然問卷調查的回答裡有這麼多關於降價的提案，那我們必須處理和應對了。」

麥　　夫：「是的。我覺得從建議最多的員工工資開始改進會更有成效。您覺得怎麼樣？」

小照前輩：「我覺得不錯。雖然店鋪的員工人數和工資都需要改善，但比起同步改善，一個一個地來更容易顯出效果。」

麥　　夫：「是這樣啊，說的也是。千葉店有4名員工，12名兼職。雖然因為合約的緣故沒辦法馬上降低兼職的工資，但是可以減少他們的人數。」

小照前輩：「的確如此。麻煩你再調查一下有沒有其他限制條件，提出最有效率的計畫。」

麥　　夫：「我知道了，我先去確認工作的輸入（Input）輸出（Output），再決定工作順序。」

什麼是IPO ？

IPO就是Input/Process/Output的簡稱，是一種確定作業內容以及開始條件、結束條件的思考方法。

找出分解還不夠充分的要素

為了實行降價方案，必須提前做好多方準備。有一些作業必須等待前一項作業完成才能進行，所以作業順序也很重要。正因為注意到了這一點，麥夫才會說先確認工作的輸入和輸出。

改善方案有「減少兼職的人數」以及「減少兼職的工資」兩個。因為麥夫用IPO做了如下整理，才會提議先「減少兼職的人數」。

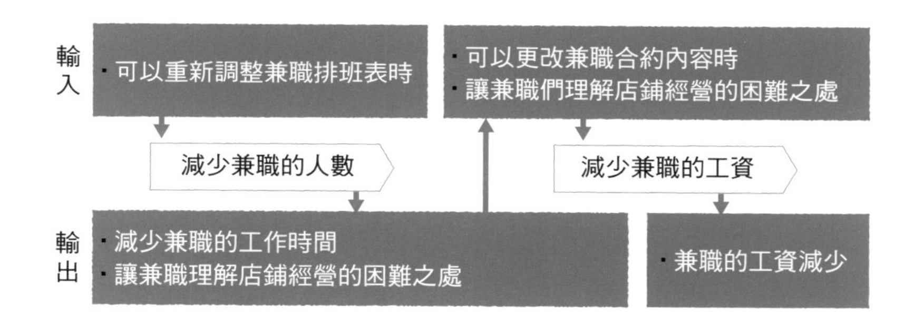

處理某個問題時，所有的步驟都能夠用IPO整理。如果有一些作業無法具體化，說明分解還不夠充分。

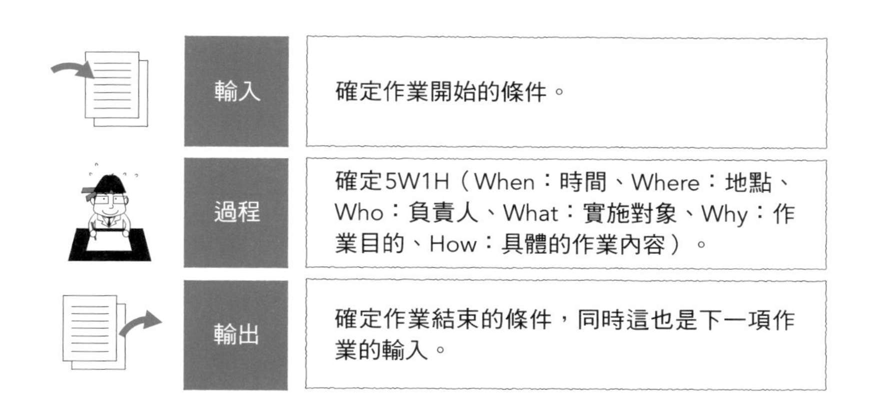

3-8 邏輯思考框架 ⑥排列 TOC

以下情況為使用時機

小照前輩：「千葉店的兼職排班表已經更新一段時間了，之後你確認過店鋪的業務情況嗎？」

麥　　夫：「昨天我和千葉店的店長聊了一下。因為同時工作的兼職人數減少了，所以店鋪運營得不是很順暢。」

小照前輩：「雖然之前的人手有點過剩，但突然從4個人減少到3個人，短期內多少會出現一些問題。也許會有耗時和人手不夠的困擾，你確認過工作中的瓶頸（延遲的地方、原因）嗎？」

麥　　夫：「確實找到了。店鋪業務延遲的原因在於一個叫火腿太郎的兼職。因為他在製作麵包時拖了後腿，所以延遲了整個麵包製作過程。」

小照前輩：「既然他就是過程中的瓶頸，那麼配合他的速度調整其他作業，效率就會提高吧。」

麥　　夫：「是的。那我們儘速重新研究一下吧。」

什麼是TOC ？

TOC是Theory of Constraints（約束理論）的簡稱。意思是整個工程中最慢的那一道工序決定了工程整體的進度。它是由以色列物理學家高德拉特（Eliyahu M. Goldratt）提出的。

提高瓶頸工序的效率，同時調整其他工序

手藝好的作業人員或者性能佳的設備是無法決定作業的整體進度的。速度最慢的工序才是瓶頸工序，它會拖延其他所有的工序，影響整體的進度。不僅要盡可能提高瓶頸工序的速度，還要調整其他工序的速度來配合瓶頸工序，這就是約束理論即TOC的思考方式。

麥夫運用TOC的方法，梳理了千葉店業務無法順利展開的原因以及對策：

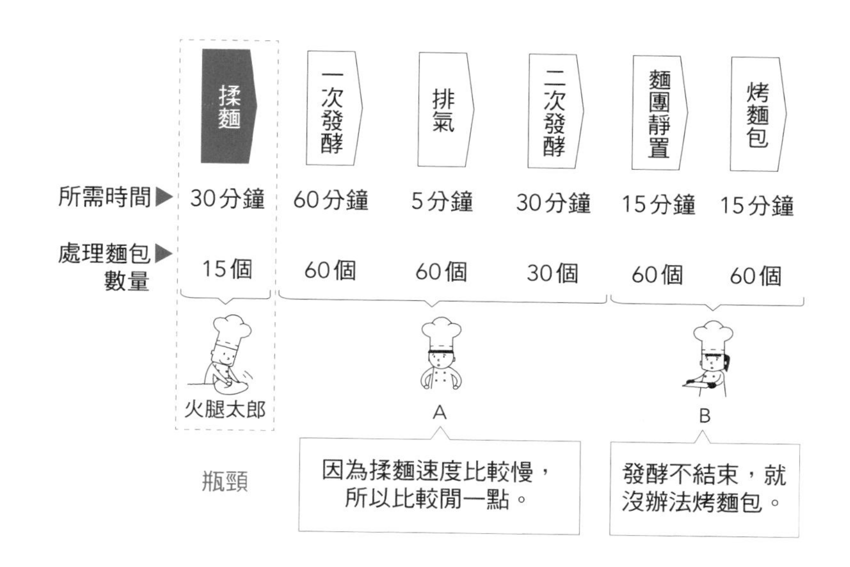

按照現在這個情況，如果火腿太郎能把揉麵這道工序需要的時間縮短一半（15分鐘），並且把處理麵包的數量提升一倍（30個），那麼下一工序的一次發酵就能處理到極限。在徹底改善之前，需要A、B在速度上配合火腿太郎，只有這樣才能更有效率地製作麵包。

邏輯思考框架 ⑦排列 故事法

以下情況為使用時機

小照前輩：「麥夫，千葉店的火腿太郎情況怎麼樣了？」

麥　　夫：「你說的是針對業務拖延的改善方案吧。我跟他的指導者確認過以後，得知他的問題出在準備工作上。」

小照前輩：「那應該是他的腦海裡沒有整個作業流程的畫面。你準備給他什麼建議？」

麥　　夫：「確實如你所說，我認為需要讓他在腦海裡描繪出整個作業流程。我準備讓他把他負責的和麵工序中的每個細節按照順序寫下來，並背誦下來。」

小照前輩：「原來如此，使用故事法背誦的方法不錯。把所有工序一一寫在卡片上，然後確認是否有遺漏。」

麥　　夫：「好的。我會像3分鐘烹飪那樣指導他把工作流程按順序寫下來。」

小照前輩：「還要考慮到後續人員的工作情況哦。」

什麼是故事法？

故事法不是依靠系統性地解決問題，而是去解決當下想到的問題點。

在腦海中形成一個整體的印象，從而整理出具有效率的作業順序

無法高效完成工作，大多是因為準備不足。如果能在進行下一項作業前，提前想好應該達到的狀態，並重複在腦中演練，那麼最有效率的工作順序就會自然而然地浮現。這就是故事法。

麥夫想到的是短時間內在現場完成一道料理的美食節目。美食節目為了盡可能提高工作效率，會事先把所有材料按照需求準備好。正因為準備充分，才能最簡單快捷地向大家介紹做菜順序。

為了讓火腿太郎也能提前做好這樣的準備，從而提高工作效率，麥夫站在火腿太郎的角度製作了下面的準備表。

揉麵的工序	火腿太郎視角		必要的準備
製作麵團	・把麵粉放入碗裡 ・使用刮刀攪拌 ・在桌子上將麵團拌開	▶	・取適量高筋麵粉、低筋麵粉、砂糖、鹽等 ・刮刀 ・確保拌麵團的空間
加入奶油	・加入奶油	▶	・取適量奶油
揉麵團	・在桌子上敲打麵團 ・揉麵團	▶	・確保揉麵的空間
下一工序的準備	・把麵團揉成圓形 ・把麵團放入碗裡，並用濕毛巾蓋住，移交給下一工序的作業者。	▶	・碗 ・濕毛巾 ・確認下一工序作業者的情況

邏輯思考框架 ⑧連結 因果關係／相關關係

以下情況為使用時機

麥　　夫：「小照前輩，關於千葉店的火腿太郎，他的工作狀態還是沒有太大的改善。看來必須雇用新的兼職了。」

小照前輩：「這樣啊。那馬上登徵人廣告吧。為了避免再招到這樣的人，這次必須定好錄用標準。火腿太郎剛滿20歲，這次我們不選擇年輕人了吧。」

麥　　夫：「火腿太郎的問題並不出在年齡上，而是在於記憶力不好。所以沒必要避開年輕人。」

小照前輩：「原來工作效率差不是因為他太過年輕，而是在於再怎麼教也沒有進步啊。」

麥　　夫：「是的。其實只要有足夠的經驗就能彌補學習能力不足的弱點，但火腿太郎以前只做過蛋糕卷。我聽說之所以把他安排在和麵的工序上，是因為他的體力最好。」

小照前輩：「這樣啊……那下次我們就不看重體力，多注重一下學習能力吧。」

什麼是因果關係／相關關係？

因果關係即為原因與結果之間的連結。如果無法判斷是否為因果關係，且一方發生變化，另一方也隨之改變，則為相關關係。

深入挖掘真正的原因

麥夫和小照前輩放棄訓練火腿太郎了，改為招募新員工。他們回顧了當時招聘火腿太郎的情形，思考該如何制定錄取標準。這時，麥夫注意到「什麼能直接影響工作狀態」這一點。

準備招募揉麵崗位的時候，小照前輩認為年輕人難以勝任，但其實火腿太郎失敗的原因不在年輕，而在於記憶力不好。

麥夫確認了這次沒有培訓好火腿太郎的因果關係和相關關係。他得到的結果是，記憶力不佳、缺少經驗屬於因果關係，而年輕和此次失敗並無直接關係。硬要說的話，年輕和經驗少算是相關關係。

只要注意到這一點，就能招聘到至少比火腿太郎能力強的人。

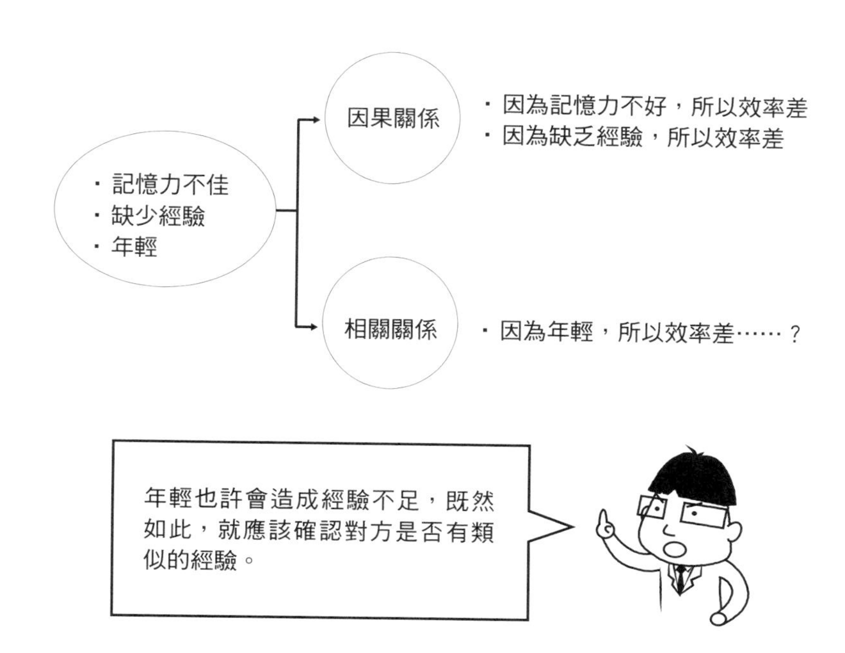

邏輯思考框架 ⑨連結 親和圖法

以下情況為使用時機

小照前輩：「透過TOC重新研究後，我們明白了必須要提高揉麵這道工序的效率。但還有沒有其他需要改善的地方呢？」

麥　　夫：「當然有，我們在批發商那裡購買進口奶油，到貨時間都不一定。有時下午1點就到了，有時下午3點才到。而且有時還會送來和期望不符的商品。除此之外，最近其他批發商因為匯率變動而有調降，但是這家批發商卻始終沒有降價。」

小照前輩：「的確有很多問題呢。這些都是批發商那邊的問題嗎？」

麥　　夫：「基本上都是。不過，也有幾次是因為我們的員工訂錯貨，才出現到貨商品與期望不符的情況。」

小照前輩：「既然如此，分成批發商相關問題和員工業務相關問題兩大塊，重新審視和處理就可以了吧。」

麥　　夫：「是的。我會分別針對這兩種情況制定出對策。」

什麼是親和圖法？

親和圖法（Affinity Diagram）是在想要定性分析某個資料，而又無法將該資料數值化時，對其按類別進行整理、分析的品質管理方法，是新QC七大工具（Seven Basic Tools of Quality）之一。

從多個問題中找出真正的原因

雖然麥夫對進口奶油供應商有多個改善要求，但是在小照前輩的提醒下，麥夫發現其實自家員工的身上也有一些問題。也就是說，需要提出針對批發商和員工雙方的改善方案。

像這樣把多個問題按照類別分類，從而歸納出根本原因（真正原因）的方法，就是親和圖法。

一方面，和批發商交涉，改進合約內容，要求對方嚴格按照時間出貨，順便打探一下降價的事情。另一方面同時改善員工訂貨時的作業流程。

在小照前輩的督促下，麥夫按照上述內容開始著手處理，透過圖表的形式整理出了以下內容。

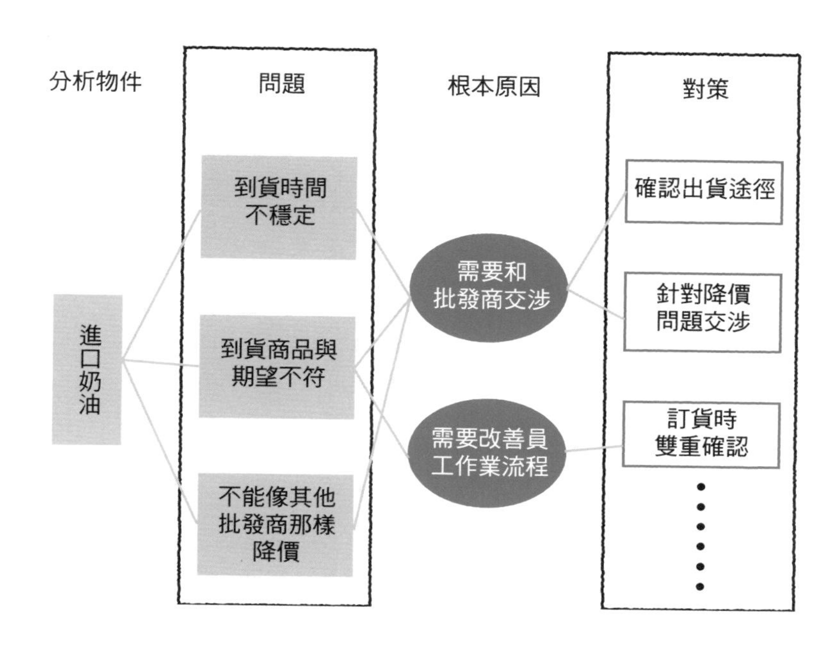

3-12 有助於水平思考的框架

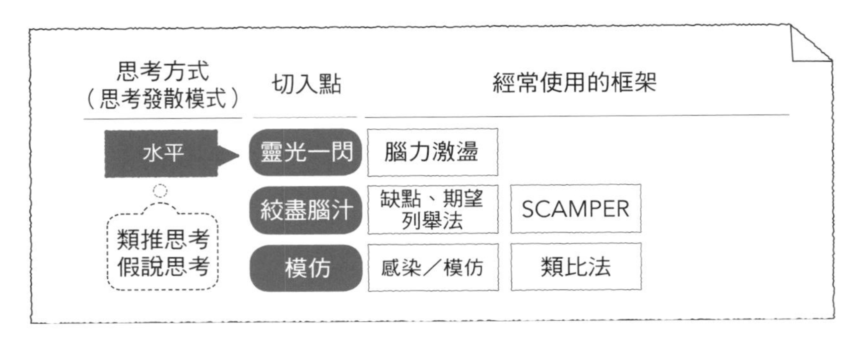

水平思考的3個切入點

水平思考中比較常見的切入點有靈光一閃、絞盡腦汁和模仿。想要多角度地發想，這些方法都是不可或缺的。

在水平思考中，達到目標的途徑有很多，但想要找到最合適的那條路，拋棄思考定式、展開自由想像至關重要。這就是靈光一閃。

但即使做到了靈光一閃，因為是以至今為止積累的見聞為基礎展開的，很容易使思想在廣度上受到限制。為了彌補這一缺點，就需要我們在面對任何問題時，都能聯想到相應的套路，這一切入點就是絞盡腦汁。

最後，為了儘快追趕上他人的水準，模仿對手也是個有效方法。

水平思考中常見的5個框架

水平思考的3個切入點中，分別包含了多個框架。

「靈光一閃」中，腦力激盪（Brainstorming）這個框架非常常見。這是一種能自由發表見解，並且不會受到批判的方法。

「絞盡腦汁」的做法中，包含缺點、期望列舉法和SCAMPER（奔馳法）。前者是有意識地找出改善點和補充點的方法，後者透過強迫自己使用一定類型的解決方法，比如尋找替代品等找到新的發現。

「模仿」的方法中，最有名的是感染／模仿和類比法。前者是分析成功事例，並套用在自己身上的方法。感染是使感動再現，模仿是透過巧妙的安排重現某種機能或特性。類比法是刻意用完全不同的要素進行對比，從而引導出解決方法。

這裡列舉的是有助於水平思考的5個框架。雖然和其他思考方式相比常用的框架數量較少，但新想法本身就很難透過遵循固定套路得到。而這裡列舉的框架，都是人們持續使用到現在、實用性非常高的方法。

從下一頁開始，我們將和運用水平思考的芝麻彥一起學習具體的使用方法。

水平思考框架
①靈光一閃 腦力激盪

以下情況為使用時機

芝 麻 彥：「喲，麥夫啊。我現在在做新店鋪的企畫案，你能來幫幫我嗎？小照前輩，也拜託你了。」

麥　 夫：「好呀。我該怎麼幫你呢？」

芝 麻 彥：「我正在收集大家覺得什麼樣的麵包店，會讓人每天都想光顧。如果你想到什麼，就馬上告訴我。」

小照前輩：「這樣啊，我想去每天都有變化的麵包店。比如每天都有當日限定的麵包，或者每次去都能集點之類的。」

芝 麻 彥：「這個想法很不錯。」

麥　 夫：「但是要建立集點系統應該挺麻煩的吧。我們有預算嗎？」

芝 麻 彥：「哎呀，麥夫，這是腦力激盪，否定或驗證都是下一步的事情。人的想法一旦被否定或者批評，就無法冒出各種各樣的建議了。」

麥　 夫：「這樣啊，原來是這種方式。那我也想想看吧。」

什麼是腦力激盪？

腦力激盪（Brainstorming）是拋開先入為主的觀念，尊重所有的想法。面對議題，可以自由地、不斷地展開想像。這是由艾力克斯・奧斯朋（Alex Osborn）提出的。

因為歡迎任何建議，所以能集中注意力思考

芝麻彥由於參與了新店鋪的企畫，所以正在收集各方建議。這時，如果不能擺脫先入為主的觀念，就無法自由地展開想像，如果害怕別人的批評，就無法勇敢地提出自己的看法。

腦力激盪的規則就是不質疑任何建議、接受所有提議。因此參與者不用擔心自己的意見被否定，可以集中精力展開思考。

如果有人提出了和主題關係不大的想法，可以記錄在白板或者筆記本上的保留區域，本著尊重所有意見的原則，提醒參加者本次的主題是什麼。

雖然麥夫覺得小照前輩提出的「建立集點制」這一想法實現起來比較困難，但是在腦力激盪的時候，否定對方的發言會限制對方的思想，這一點是絕對禁止的。

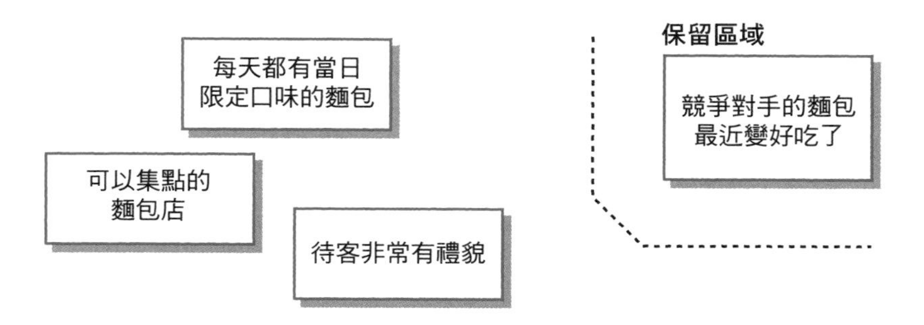

如果把經過腦力激盪得到的想法用邏輯思考中的親和圖法進行整理，就能知道下一步應該做什麼了。

水平思考框架 ②絞盡腦汁 缺點、期望列舉法

以下情況為使用時機

芝麻彥：「麥夫，想請你幫個忙。之前不是跟你說過新店鋪的企畫嗎？現在我們想在直營店實踐一下。」

麥　夫：「這樣啊，那我們要再做一次腦力激盪嗎？」

芝麻彥：「不，腦力激盪注重『靈光一閃』，有益於想法的收集。但這次我們想做的是列舉店鋪的缺點，然後針對這些缺點制定改善方案。」

麥　夫：「只要粗略地提出期望達到的水準就可以了吧？」

芝麻彥：「啊，是的。我們已經把組成店鋪的要素分成內部裝潢、外部裝潢、商品（麵包）和服務，希望你能分別針對這4項舉出缺點以及你期望的樣子。」

麥　夫：「比起腦力激盪，這個要做的方法已經確定了，而且不怎麼費力就能掌握它的順序，所以比較容易整理出自己的想法。」

芝麻彥：「是啊，那我們一起考慮一下吧。」

什麼是缺點列舉法和期望列舉法？

缺點列舉法是針對一個主題，粗略地列舉其缺點或不足。期望列舉法是站在「我希望是這個樣子」的角度上，提出自己的想法。

改善發生在你身邊的那些令人在意或者讓人不滿的小事

芝麻彥雖然在上一回中利用腦力激盪收集了各種各樣的想法，但還需要將其濃縮為更具體的方法。如果能站在如何改變現狀的角度上思考，整理起來就會容易得多。

最簡單的方法就是把所有現存的缺點列舉出來，然後針對這些缺點提出強制性的改善方案。雖然很難從無到有地想出一個好方法，但如果從列舉眼前的不足開始著手，就不會很困難了。

芝麻彥拜託麥夫針對組成店鋪的4個要素，分別舉出應該改善的缺點和希望達到的效果。像下圖這樣列出各個要素下的缺點改善方案，對整理思路就很有幫助。

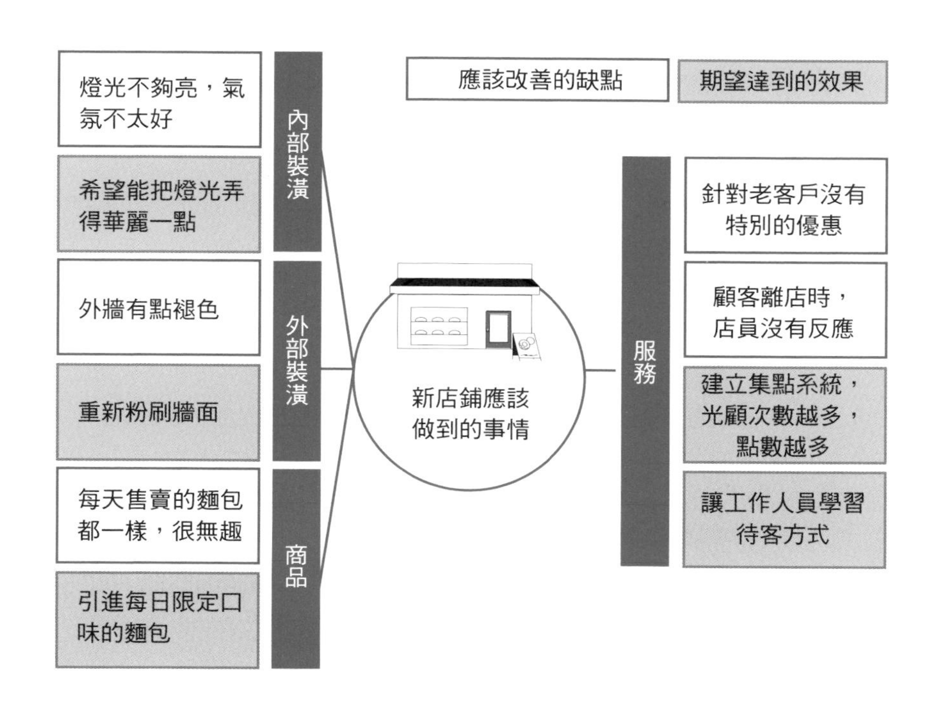

水平思考框架 ③絞盡腦汁 SCAMPER

以下情況為使用時機

芝麻彥：「嗯……好難啊！」

麥　夫：「芝麻彥，怎麼了？怎麼突然大叫，發生什麼了？」

芝麻彥：「因為想要確定每日限定麵包，上司讓我參考美容麵包、美腿麵包製作出新麵包，並將其作為主打麵包。但我現在完全沒有頭緒。」

麥　夫：「我以前和小照前輩一起考慮過這件事。但當時只是想了一下，沒有提出來，現在正好可以用到。」

芝麻彥：「真的嗎？告訴我，快告訴我！」

麥　夫：「不要著急啊。我想想……嗯……對了！我們當時試著改變了美腿麵包的配方成分，透過反覆實驗針對較高年齡層做出了重返青春麵包。」

芝麻彥：「就是強迫自己從麵粉、酵母、配料、配送方法等方向來思考吧。太感謝了，那我就借用這個想法了，Thank you ！」

什麼是SCAMPER ？

SCAMPER是替換（Substitute）、結合（Combine）、調整（Adapt）、修改（Modify）、轉換應用（Put to other purpose）、消除（Eliminate）、重組（Rearrange/Reverse）這7個詞的簡稱，是強制大腦思考的方法，由鮑伯・艾貝勒（Bob Eberle）提出。

透過這7個觀點得到新想法

SCAMPER有7個強制性的觀點。我們可以根據這7種不同觀點，考慮物件的各要素會發生哪些變化，並透過組合找到新的想法。在創造新商品或建立新的服務體系時，經常會用到這種方法。

麥夫和小照前輩一起做的SCAMPER分析表如下。他們透過腦力激盪、不斷試錯確定了新麵包的理念，並最終決定製作針對年長者的重返青春麵包。

	麵包類型	酵母	有益成分	配送方法
原型（無變化）	白麵包	酵母菌	膠原蛋白＋兒茶素	透過相關的物流公司派送到全國
S 替換	法式麵包	天然酵母	搭配角鯊烯	更換物流商
C 結合	白麵包＋法式麵包	酵母菌＋天然酵母	膠原蛋白＋角鯊烯	如果派送到外地則使用當地物流公司；如果是本地派送，則繼續和現有物流公司合作。
A 調整	加入年長者喜歡的醬油	無	抗衰老成分	無
M 修改	使麵包更鬆軟	改良發酵機能	提高成分純度	縮短派送時間
P 轉換應用	無	無	在提供給醫院的食品中加入鐵成分	提供給餐廳
E 消除	除去麵包表面燒焦的部分	不使用酵母	不使用兒茶素以改良口感	只在直營店銷售，不對外派送
R 重組	調整從揉麵開始到添加成分的工作順序			改變出貨的順序

→ 重返青春麵包

水平思考框架
④模仿 感染／模仿

以下情況為使用時機

芝麻彥：「麥夫，打從你進公司以來，什麼事情最讓你感動？」

麥　夫：「是在公司實習，第一次吃到自己做的麵包的時候。因為跟用麵包機做的完全不一樣，所以更覺得感動。」

芝麻彥：「我也是，好想讓我們的客人也體會到這份感動。」

麥　夫：「是啊。如果能體會到這份感動，那麼每天都會想吃麵包。」

芝麻彥：「為了能把這份感動傳遞給客人，我們應該抱有相同的熱情或是價值觀，也就是使命宣言（Mission Statement）。如果直營店裡的店員都能做到這一點，那麼客人一定會成為NICE HARVEST公司的粉絲。」

麥　夫：「想要吸引客人，我們自己得先充滿熱情。」

芝麻彥：「沒錯。不過光有熱情還不夠，想要變得更好，還需要分析競爭對手以及其他行業的成功關鍵，然後在自己公司實踐。模仿也是一種學習。」

麥　夫：「想要開設新店鋪，使命宣言和分析其他公司的成功關鍵都非常重要。」

什麼是感染／模仿？

感染是透過使命宣言（組織的目的和行動規範）傳播感動，模仿是在成功案例中找出成功的關鍵、透過分析再現成功的方法。

想要成功，要先清楚需要做什麼、改變什麼

市場上的成功案例與當事人的感性和理性密不可分。學習社會上的成功事例時，對前者的再現稱為感染，對後者的再現稱為模仿。

感染中最重要的是使命宣言。先決定我們要達成的目標，再確認行動基準，即為了達成這一目標我們應該做什麼？這樣就能讓全體工作人員持有相同的價值觀。如果能將其徹底貫徹與落實，就能提高組織整體的品質，也會使願意優先選擇本公司的粉絲越來越多。

另一方面，模仿中最重要的是徹底分析成功案例的結構。使用親和圖法找出成功的關鍵，然後審視自己，確認想要再現成功可以保留哪些地方、哪些需要改變。特別是需要改變的地方，可以加入自己的獨創性作為與眾不同的亮點來宣傳。

芝麻彥把感染（實線）和模仿（虛線）做了匯整：

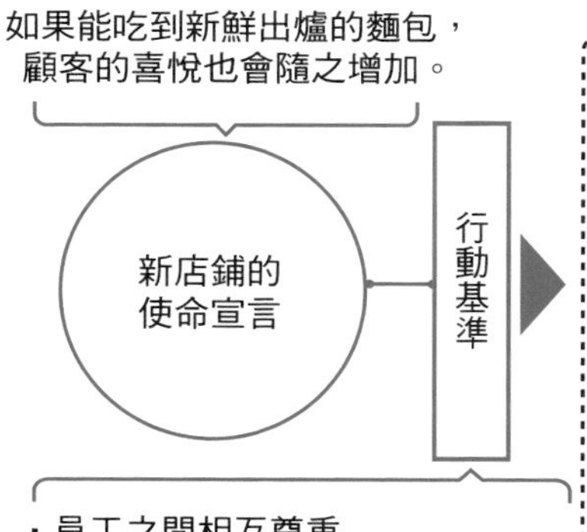

- 員工之間相互尊重
- 嚴格管理原物料品質
- 提供讓顧客由衷感到滿意的服務

（其他公司）只使用有機栽培的原料
→（本公司）模仿
（其他公司）在其擁有的牧場生產高級奶油
→（本公司）因為沒有牧場，所以空運高級奶油

水平思考框架
⑤模仿 類比法

以下情況為使用時機

麥　　夫：「芝麻彥，新店鋪的企畫有進展了嗎？」

芝 麻 彥：「是的，現在正在考慮店鋪的格局。比如麵包的擺放以及人員走動的路徑等，很多都需要考慮呢。」

麥　　夫：「麵包擺放位置很重要。就像香味會吸引蝴蝶那樣，我們如果模仿別家店，把點心麵包陳列在窗邊，是不是就可以吸引顧客呢？」

芝 麻 彥：「聽起來不錯，我把這個主意加進去，模仿其他店家，應該也會很有趣。對了，麥夫之所以能和大家打成一片，也是因為認真和糊塗搭配得剛剛好。那我們可以在店裡使用代表誠實的白色以及柔和的黃色，這樣一來，顧客也許就能輕鬆地融入店鋪的氛圍了。」

麥　　夫：「芝麻彥你這傢伙居然拿我開玩笑。如果是這樣展開聯想的話，那麼客流就如同河流一樣，支流匯聚在一起後成為主流，河流也會變寬。因為顧客最終會匯聚到收銀台前面，所以我們可以在那裡多預留一些空間。」

芝 麻 彥：「的確如此。就像剛剛那樣多給我一些建議吧。」

什麼是類比法？

類比法是透過直接類比、擬人化類比、象徵性類比，把看上去毫無關聯的要素結合在一起，從而使問題得到解決。

在與其他要素的對比中得到具有獨創性的啟示

透過比喻得到啟示的方法叫做類比法。具體的做法有：整理物件特徵、尋找有無其他類似的要素（直接類比），透過擬人得到啟示（擬人化類比），先簡化物件再思考（象徵性類比）。可以透過這些做法展開聯想，找出解決方法。比較物件越不相關，越能夠得到獨樹一幟的想法。

麥夫和芝麻彥都是先在和麵包店毫無關係的事物上找到了值得模仿的關鍵點，再思考如果想要套用，該做什麼改變。因為可以從身邊的事物得到啟示，所以想法可能會像聯想遊戲那樣接連不斷地出現。

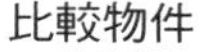

	比較物件		得到的啟示
 麵包擺放（直接類比）	花香可以招引蝴蝶		把點心麵包放在視窗附近，用香味吸引顧客
 店鋪外部裝潢（擬人化類比）	麥夫同時具備誠實和柔和的特質，所以能和大家打成一片		在店鋪外牆使用代表誠實的白色和代表柔和的黃色，營造能夠讓顧客輕鬆進店的氛圍
 收銀台前的空間（象徵性類比）	因為河流的支流漸漸匯聚到主流上，河面會越來越寬		顧客最後都會匯聚到收銀台前面，所以可以適當擴大這裡的空間

3-18 有助於批判性思考的框架

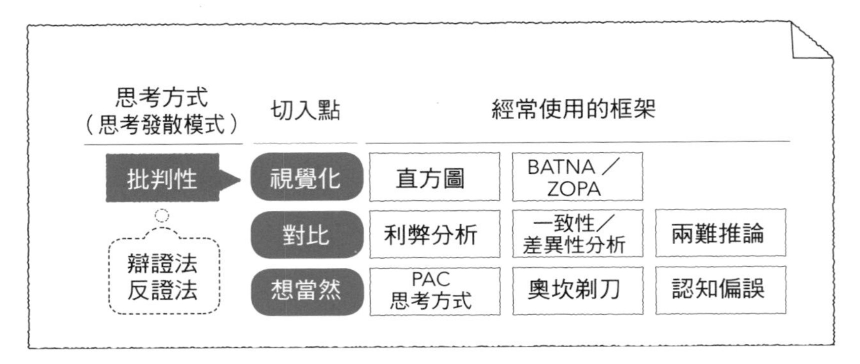

批判性思考的3個切入點

批判性思考是一種客觀評價事物的思考方式。它的切入點有將論點視覺化、利用對比排除選項，以及摒棄想法中理所當然的事物帶給我們的認知偏差。

為了釐清眼前問題的論點（應注意的地方），我們需要利用視覺化這一方法整理出所有論點。清楚論點以後，如果包含多個選項，可以用對比的方法鎖定前進的方向。為了確認我們對大前提的認識是否正確，還需要驗證是否有覺得理所當然的現象。

有了這3個切入點（視覺化、對比、想當然），批判性思考就能發揮作用了。

批判性思考中常見的8個框架

批判性思考的這3個切入點中，又各自包含多個框架。

「視覺化」的角度下，常用的是直方圖和BATNA／ZOPA（Best Alternative To a Negotiated Agreement，談判協議的最佳替代方案／Zone of Possible Agreement，談判協議區）兩個方法。前者可以了解要素變化，後者可以認清對方的主張，使談判能夠順利進行。

「對比」中，利弊分析、一致性／差異性分析、兩難推論（Dilemma）這3個方法最有名。利弊分析是透過對比選出最適合的選項；一致性／差異性分析是對比想做的和能做到的，並找出其中的差異；兩難推論是找出全新的選擇，從而避開最壞的選項。

「想當然」的切入點中被大家熟知的是PAC思考方式（Premise Assumption Conclusion）、奧坎剃刀（Ockham's Razor）和認知偏誤（Cognitive Bias）。PAC思考方式是對前提、假說、結論這一理論構造的驗證，奧坎剃刀是拒絕複雜、站在越簡單越好的角度上思考問題，認知偏誤的目的是排除偏見與偏向等片面性的想法。

這裡列舉的8個框架有助於大家進行批判性思考。從下一頁開始，讓我們和運用批判性思考的小照前輩一起學習。

批判性思考框架
①視覺化 直方圖

以下情況為使用時機

芝 麻 彥：「小照前輩，新店鋪已經開業一段時間了，現在終於穩定下來了。」

小照前輩：「是啊。客流也漸漸穩定下來了，所以我想著手製作新麵包。為此需要調查開業至今的銷售情況，然後再考慮定價多少合適。」

麥　　夫：「上周店長告訴我，在比較了每日銷售額以及售出麵包的數量後，發現平均每個麵包能賣200日元。所以把價格定在200日元怎麼樣？」

小照前輩：「麥夫啊，你沒考慮到各種麵包之間的差異。也許只賣出了100日元和300日元的麵包。所以還是先向店長要一下各價位麵包的銷售資料，再考慮怎麼辦吧。」

芝 麻 彥：「原來如此。如果只看平均值，就會把一些並不存在的目標考慮進去。」

什麼是直方圖？

直方圖是用柱形表示要素分布情況的圖表。透過這種統計方法，可以了解要素浮動的情況以及集中的區域。

讓數字的變化一目了然

當資料非常分散、龐大時，我們喜歡看總和數量或者平均值，但其實數字的波動同樣是非常重要的資訊。10個50分與100分、0分各5個的總分和平均分是一樣的，但是代表的意義完全不同。直方圖能讓我們清楚掌握數字變化的趨勢。

比如，10門課程都得了50分的人需要複習所有的課程，而5科滿分、5科零分的人只需要加強複習其中的5科即可。

本次案例中，小照前輩從新店鋪的店長那裡拿到資料，並用資料來分析新店鋪的顧客傾向哪種價位的麵包。結果表明，100日元左右的實惠型麵包和400日元左右的高級麵包賣得最好。平均下來大概一個麵包賣300日元，但是確認了資料上的數字後，發現實際上希望麵包在300日元左右的客人非常少。

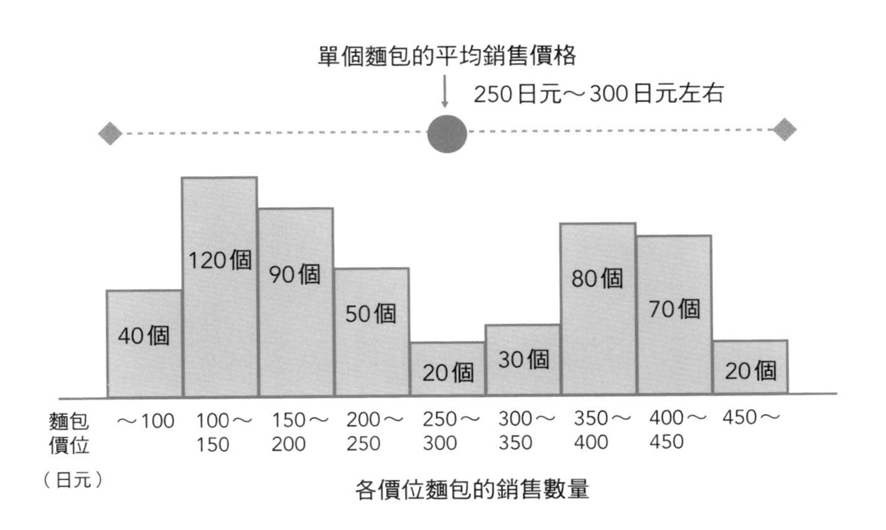

批判性思考框架
②視覺化 BATNA／ZOPA

以下情況為使用時機

麥　　夫：「為了增加高級麵包的製作數量，我們還需要一個大型烤箱。廠商報價是100萬日元，怎麼樣，你覺得貴嗎？」

小照前輩：「麥夫，你現在最擔心的是什麼？」

麥　　夫：「新店鋪的發展正好，想購入大型烤箱。規格上符合我們需求的烤箱價位是100萬日元，但預算只有90萬日元……」

小照前輩：「如果和廠商談判，他們也許會同意我們提出的價格。前幾天我和對方的負責人聊過天，他說他們想要達成這期的銷售目標有點困難。你試著告訴他們，如果不能降價就會換別的廠商，他們一定會同意我們的要求。」

麥　　夫：「他會願意降到90萬日元嗎？」

小照前輩：「聽對方的口氣，應該願意給我們打個8折，到時候你就把談判的目標定在80萬日元。絕對不能在一開始就告訴他們我們的預算有90萬日元，不然他們一定不會願意再往下降。」

麥　　夫：「我知道了，我會藏著底牌和對方談判的。」

什麼是BATNA ／ ZOPA ？

BATNA是Best Alternative To a Negotiated Agreement的簡稱，是在意見未達成最初條件下的統一時，採取的次於最優方案的第二方案。ZOPA是Zone Of Possible Agreement的簡稱，代表意見可能會達成統一的範圍。

這種框架的便利之處

想讓談判朝著有利於自己的一方發展，就需要給對方營造一個只能選擇接受我方提案的環境。要讓對方知道，如果前提不成立，他們的第二方案（BATNA）也會失去意義。同時，為了避免對方使用相同的手段，不能讓對方知道我們的第二方案。其次，如果了解對方願意談判的範圍（ZOPA），就能提出讓雙方都滿意且對我們最有利的方案。

本案例中，麥夫透過小照前輩掌握了對方的 BANTA 和 ZOPA，這使談判對我們很有利。

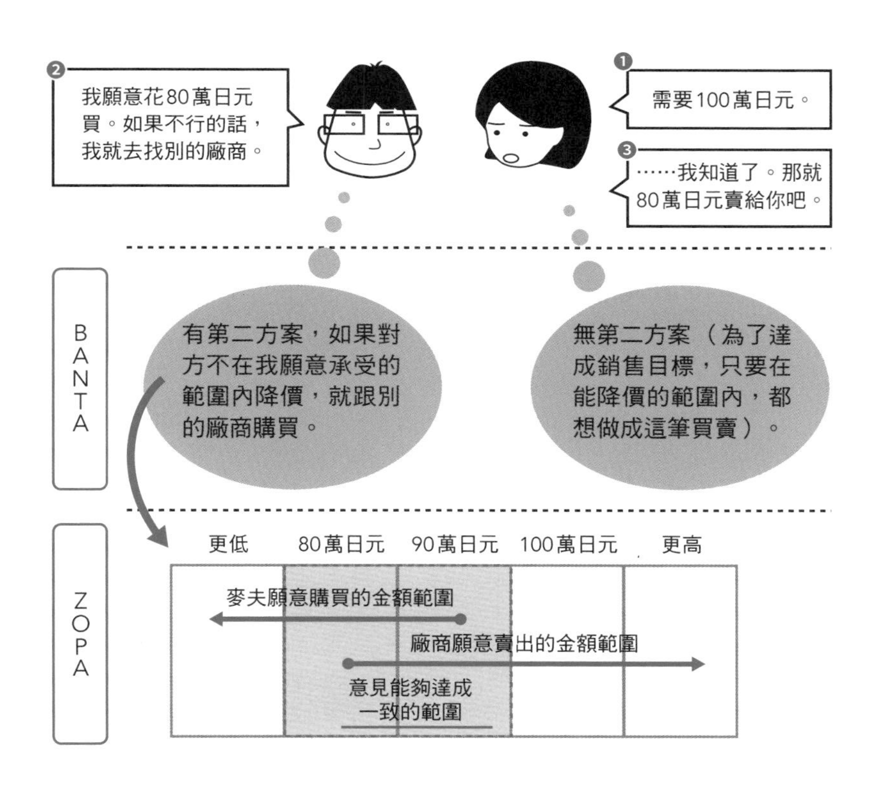

批判性思考框架
③對比 利弊分析

以下情況為使用時機

麥　　夫：「小照前輩，我們根據之前的調查結果，決定研發製作400日元左右的高級麵包。可以和你商量一下這件事嗎？」

小照前輩：「當然可以了。現在你有什麼好想法嗎？」

芝 麻 彥：「現在備選方案中最有希望的，是讓人在通宵迷迷糊糊時能瞬間清醒、帶酸味的檸檬麵包，和讓正在氣頭上的人吃一口就能使心情回復到如佛祖般平靜、味道醇厚的栗子麵包。」

小照前輩：「你們想的麵包都很極端啊。但這兩種麵包的方向完全不同，很難用統一的標準進行比較。」

芝 麻 彥：「是的，而且不同的人可能會給出不同的意見，所以現在不知道該怎麼選擇。」

小照前輩：「對於這種情況，可以站在不同的觀點上，分別評價優劣。可以簡單分成味道、成本、製作的複雜程度。因為是高級麵包，所以味道最為關鍵。」

麥　　夫：「明白了。我會按照這個方法來比較分析的。」

什麼是利弊分析？

利弊分析（PROs and CONs）是評價事物的優缺點時使用的框架。這一詞語來源於拉丁語的 Pro et Contra。

大致對各選項分析優缺點

想評價多個選項時，最簡單的方法是區分它們的優點與缺點，這就是利弊分析。使用該框架時，可以製作表格，站在不同的觀點判斷各個選項的優劣。

因為大部分物件都能用QCD（Quality：品質；Cost：成本；Delivery：配送）這三個要素來評價，所以這三個要素也經常用於利弊分析。

為了選出一種全新的高級麵包，小照前輩提供的建議（味道／成本／複雜程度）正是QCD。

遵照小照前輩的指示（重視味道），麥夫製作了下面的利弊分析表來比較與評價。

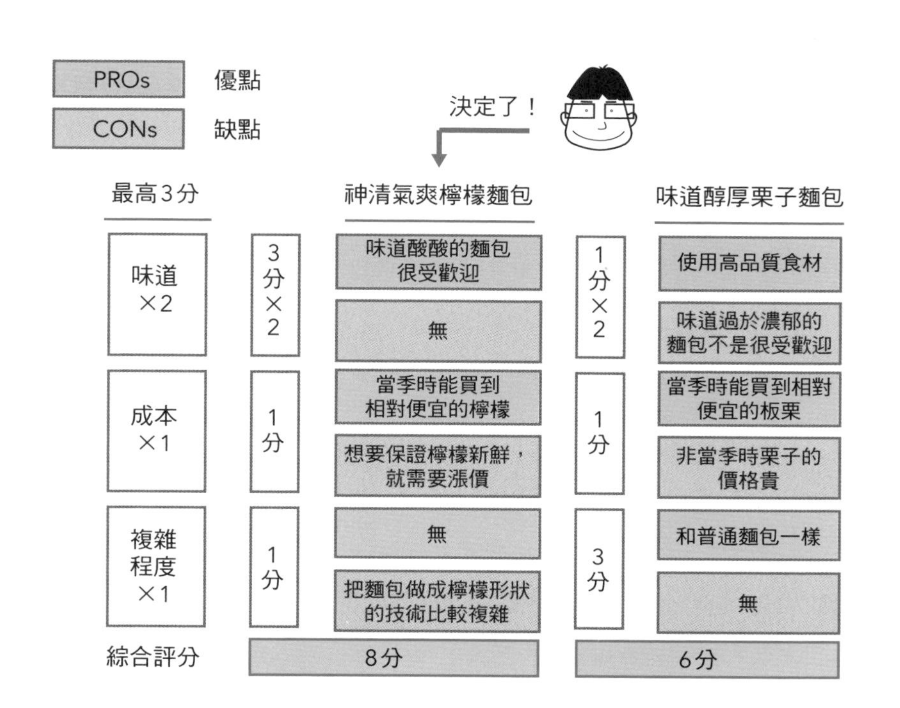

批判性思考框架 ④對比 一致性／差異性分析

以下情況為使用時機

芝 麻 彥：「麥夫，你是不是準備買製作神清氣爽檸檬麵包的工具？」

麥　　夫：「嗯，我想買品質比較好的製麵台，現在廠商提供了多個提案，我正在猶豫買大理石的還是木質的。」

小照前輩：「你需要清楚知道自己到底為什麼需要製麵台。如果你釐清了購買的條件，就可以根據物件與條件的匹配度做出判斷。」

芝 麻 彥：「雖然大理石的製麵台比較貴，但是感覺更有質感。麥夫，就選大理石吧。」

小照前輩：「喂喂喂，不能想當然地判斷。像牛角麵包這種使用了很多奶油的麵包在大理石台製作確實會更好吃。但是這家店的牛角麵包賣得並不是很好吧。」

芝 麻 彥：「也對！那我把重要條件列出來，再下判斷吧。就從品質和成本兩方面看哪種製麵台更符合條件。可以吧，麥夫？」

麥　　夫：「你這個見風使舵的傢伙。」

什麼是一致性／差異性分析？

一致性／差異性分析是釐清「想成為」（To-Be），即釐清需要達成的必要條件／未來應該成為的樣子與選項／現狀（As-is）之間到底存在多少差異的分析方法。

衡量條件的達成程度

一致性／差異性分析適用於比較兩個不同狀態的選項。可以列出將來想要成為的樣子（To-Be）與現狀（As-Is）之間的差異（Gap），考慮將其消除的對策。也可以判斷多個選項在各條件的達成程度，選出得分最高的選項。

乍看之下一致性／差異性分析與利弊分析有些相似，但其實二者的思考方式和適用場合都不一樣。一致性／差異性分析的必要條件是明確的，其目的是判斷各條件的達成情況。

麥夫和芝麻彥製作的一致性／差異性表格如下。用「％」表示各項目的達成程度，最後透過總成績再做選擇。

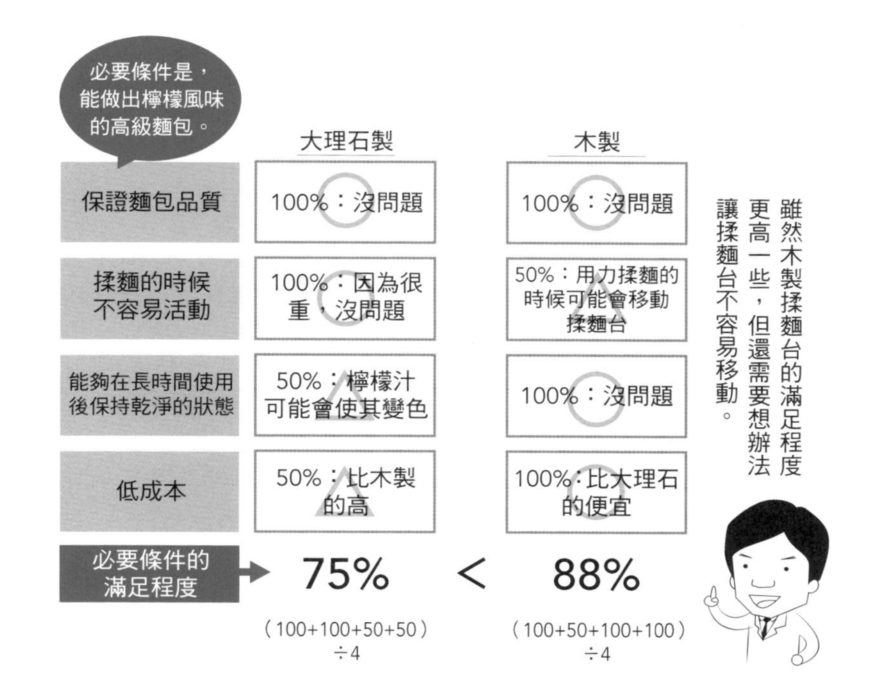

批判性思考框架 ⑤對比 兩難推論

以下情況為使用時機

芝 麻 彥：「要買什麼樣的烤箱和製麵台都決定了，現在的問題是什麼時候投入使用。如果在週一到週五的晚上施工，那麼下班回家的客人就買不到麵包了。但如果在休息日的晚上施工，施工費用就會增加。無論選擇哪種方法都會影響整體的利益。」

麥　　夫：「現在我們已經知道了影響因素，就是施工期間必須關閉店鋪，這期間客人無法購買麵包。其次，休息日夜晚施工的工錢多於週一至週五夜晚施工的費用。」

小照前輩：「那我們從機會成本和工錢這兩方面入手，想出更好一點的折衷方案吧。比如有沒有雖然是週一到週五的晚上，但是客流量與休息日一樣少的日子呢？」

麥　　夫：「這麼說來，下個月的最後一個週二是節日，為了能和週末的假日連起來，很多人會選擇在週一調休。按照以往的經驗，兩個假期之間的工作日的銷售額會有所下滑。」

小照前輩：「那我們模擬一下，看看定在那一天施工會是什麼情況吧。」

什麼是兩難推論？

兩難推論（Dilemma）是在所有選項都不盡人意的時候，為了規避負面結果而選擇其他選項。

找出相對有優勢的第三方案

我們經常會遇到無論怎麼選擇，都會帶來損失的情況。但是，眼前的選項並非選擇的全部。所有選項肯定各有長短，既然如此，如果能把相對負面的「短處」剔除掉，就能得出最佳選項。

利用兩難推論的結構比較其中的負面影響，站在大局的角度考慮出相對有優勢的第三方案（折衷方案）。

小照前輩的提案吸取了現有方案的優點。透過比較兩種方案，總體來說扣分點有方案1中由於夜間顧客較多造成的機會成本增加，以及方案2中休息日施工帶來的工錢上漲。為了規避兩個方案中的扣分點，麥夫提出的折衷方案是在兩個假期之間工作日的晚上施工。

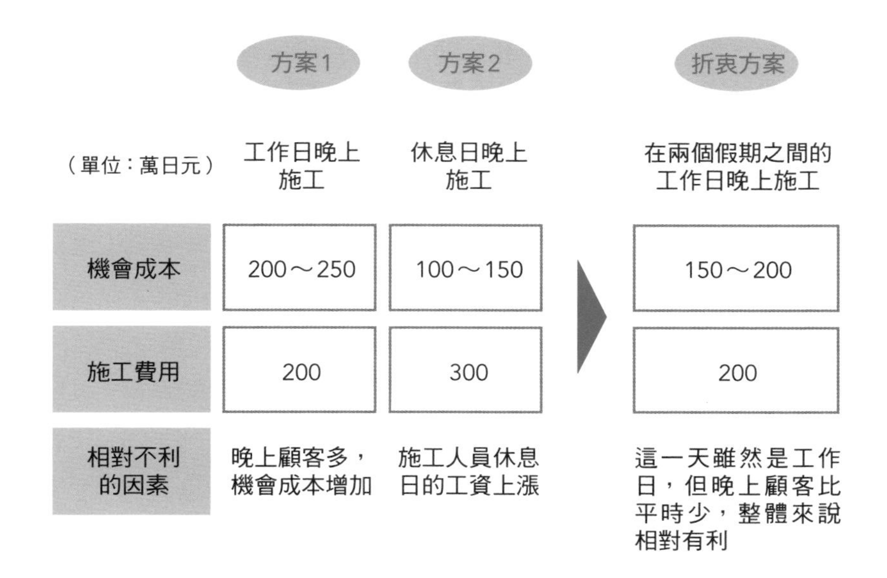

（單位：萬日元）	方案1 工作日晚上施工	方案2 休息日晚上施工	折衷方案 在兩個假期之間的工作日晚上施工
機會成本	200～250	100～150	150～200
施工費用	200	300	200
相對不利的因素	晚上顧客多，機會成本增加	施工人員休息日的工資上漲	這一天雖然是工作日，但晚上顧客比平時少，整體來說相對有利

3-24 批判性思考框架 ⑥想當然 PAC思考方式

以下情況為使用時機

芝 麻 彥：「新店鋪在上週末和這週末賣出很多麵包。文化祭期間料理麵包賣得真是太好了，對吧，小照前輩。」

小照前輩：「這多虧了麥夫。他去文化祭會場附近擺攤賣麵包，肚子餓了的同學就會去買麵包，場面相當熱鬧。」

芝 麻 彥：「下周這附近又有學校要辦文化祭了，麥夫要是去擺攤，又可以大賺一筆。趕快準備預訂下周的材料吧，快打電話給負責人！」

小照前輩：「芝麻彥每次都喜歡一頭栽進錯誤的方向裡。下周有颱風，文化祭可能會中止，你沒看天氣預報嗎？」

芝 麻 彥：「呃……我忘記考慮天氣因素了。對不起。」

小照前輩：「雖然根據預測展開行動的做法很好，但是一定要把握好所有情況再下結論。」

什麼是PAC思考方式？

PAC思考方式指的是透過Premise（前提）、Assumption（假設）、Conclusion（結論）這三個要素來分析情況，從而找出論點的方法。

判斷透過假說得到的結論是否可靠

所有判斷都是基於前提和假設而來的。前提與推測加在一起才是假說，而 PAC 思考方式就是透過驗證前提和推測來判斷由假說得到的結論是否令人信服。

如果用 PAC 思考方式證明結論不可靠，那麼得到的假說就缺乏可信度，需要提出其他假說。

芝麻彥根據過去的實際成績得到了「只要在文化祭會場的附近宣傳，就會有很多客人來店裡買麵包」的假說。但是這一假說中，沒有包含天氣預報這一因素。所以，在小照前輩告訴芝麻彥下周有颱風之前，芝麻彥的腦海裡完全沒有惡劣天氣會導致文化季被迫中止的概念。

如果用 PAC 思考方式整理，可以得到以下內容。

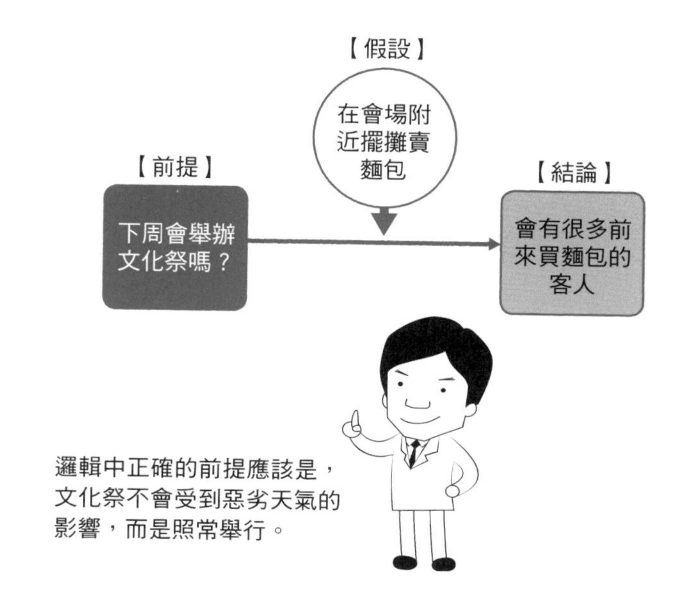

批判性思考框架 ⑦想當然 奧坎剃刀

以下情況為使用時機

麥　　夫：「芝麻彥，你在做什麼？」

芝 麻 彥：「前段時間不是因為附近連續辦了幾場文化祭，所以我們的營業額大幅度提高嗎？當時估錯客流量，我差點下錯訂單。如果沒有小照前輩，一定會造成大量浪費，導致虧損。」

麥　　夫：「啊，就是我在外面擺攤賣麵包的時候嗎？」

芝 麻 彥：「不過現在已經沒問題了！這次我已經進行了縝密的邏輯思考。你們聽好了，我統計、分析了以往的業績，發現可以把上周的客流量、附近舉辦活動的次數、競爭店鋪的活動次數以及當天的天氣情況等資料進行置換與搭配，透過定量分析與評價預測本周的客流量。」

小照前輩：「等……等等啊。雖然這些因素可能都和客流量有關，但是這也太複雜了，不夠實用。其實越簡單越容易運用，你只需要看上周業績與晴天、陰天和雨天的關係就足夠了。」

什麼是奧坎剃刀？

奧坎剃刀（Ockham's Razor）是當需要在同一事物的多種說明中取捨時，採用的一種「越簡單越正確」的選擇基準，是由十四世紀的哲學家奧坎（Occam）提出的有節制地思考的理論。

利用減法探求事物本質

說明的內容越簡單，越容易讓人理解，也更容易運用。這種面對事物詢問自己有沒有多餘的地方、能不能再簡化一點，從而探求事物本質的思考方法，屬於算數中的減法。

即使省去部分因素，內容也同樣成立，或者即使省去部分說明也能讓人理解時，就代表還有能使用奧坎剃刀這個方式的空間。果斷刪掉那些即使沒有、對整體影響也不大的因素，才能既保證內容的邏輯性，又令其簡單易懂。

雖然芝麻彥預估了影響銷量的所有因素，並整理出了公式，但是想要收集所有因素的資料非常麻煩。資料越多，計算時越容易產生誤差。想要修改這些複雜的資料，也非常耗費時間。

小照前輩也有類似的擔心，所以建議芝麻彥簡化公式。簡化的具體方法是盡可能少地選出對結果影響較大的因素。

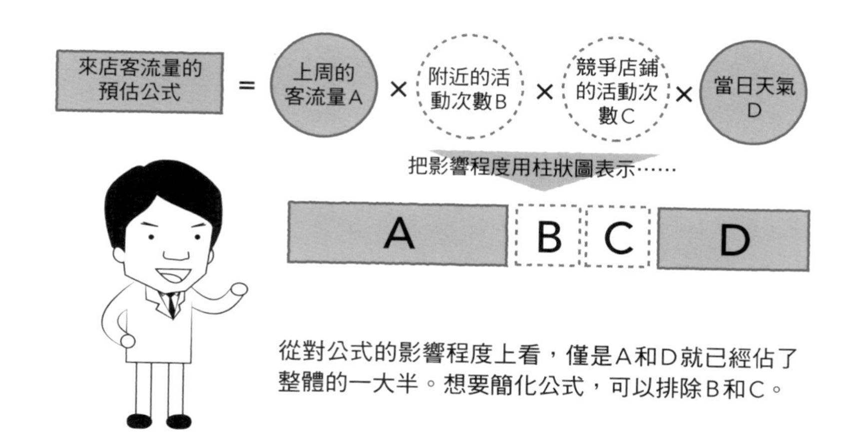

批判性思考框架 ⑦想當然 認知偏誤

以下情況為使用時機

麥　　夫：「上個月這附近開了一家新店鋪，雖然開業之初吸引了很多顧客，但是最近不怎麼熱鬧啊。」

芝 麻 彥：「是啊，因為那家店開業優惠的時候場面很混亂，而且人手也不夠，導致麵包品質下滑。這個狀態持續了整整一周，也難怪客流量會減少。」

麥　　夫：「但是現在麵包品質已經恢復了吧？」

小照前輩：「麥夫啊，人都是先入為主的，如果一開始就有不好的印象，那這個印象就很難消除了。而且，剛開業不久的時候，他們搞錯了麵包的價格，把300日元的麵包標成了100日元。後來改回300日元的時候，顧客就對他們抱有漲價的負面印象。雖然之後他們店抱著虧本的心理準備把價格降到200日元，但還是有人覺得比100日元貴。」

芝 麻 彥：「那我們把那家店作為反面教材引以為戒，盡力讓顧客留下一個好印象吧。」

小照前輩：「是的，我們可以利用人們想當然的特性。」

什麼是認知偏誤？

認知偏誤（Cognitive Bias）是一種受到先入為主或想當然的思想的影響，使內心感覺變遲鈍，無法做出理性判斷的心理效果。

掌握你在對方心中的形象

如果理所當然地展開行動，就會經常做出不理性的判斷。比如你看一眼太陽後，即使閉上眼睛，強烈的光線也會留在你眼內久久不能退散。與此類似，強烈的印象會刻在人的大腦中，令人久久無法忘懷，最終你的思考也會受到這份強烈印象的影響，這就是認知偏誤。

麥夫店鋪附近的麵包店在開業之時場面混亂，給客人留下了強烈的印象，這一印象讓客人產生了認知偏誤，不願意繼續光顧。如果你能意識到認知偏誤的力量，就能掌握你在對方心目中的形象，從而使雙方的交流朝著有利於自己的一方展開。

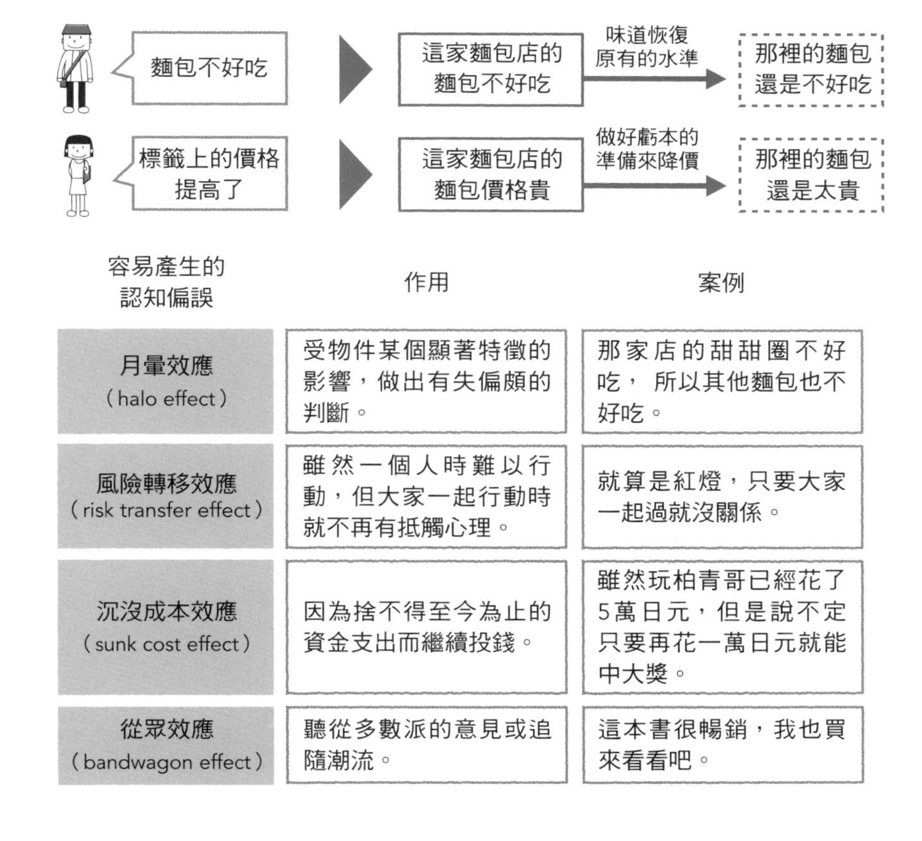

容易產生的認知偏誤	作用	案例
月暈效應（halo effect）	受物件某個顯著特徵的影響，做出有失偏頗的判斷。	那家店的甜甜圈不好吃， 所以其他麵包也不好吃。
風險轉移效應（risk transfer effect）	雖然一個人時難以行動，但大家一起行動時就不再有抵觸心理。	就算是紅燈，只要大家一起過就沒關係。
沉沒成本效應（sunk cost effect）	因為捨不得至今為止的資金支出而繼續投錢。	雖然玩柏青哥已經花了5萬日元，但是說不定只要再花一萬日元就能中大獎。
從眾效應（bandwagon effect）	聽從多數派的意見或追隨潮流。	這本書很暢銷，我也買來看看吧。

專欄③ 善用引導技巧促進溝通

和對方站在同一角度思考

在解決問題的過程中，有時需要對方的協助才能順利進行。使用前面介紹的框架也許可以解決你的問題，但如果能搭配使用讓所有人相互理解、達成一致的交流技巧——「引導技巧」，會更有效率。

在與對方建立連結時，最常用到的是信任感。這是代表信賴關係（Rapport）的心理學術語，能否與對方建立信任感，會使解決問題的難易程度產生翻天覆地的變化。

我們以無法建立信賴關係的「黑芝麻彥」與能建立信賴關係的「白芝麻彥」的交流為例，來觀察他們之間的差別。

・無法建立信任感

 「芝麻彥的郵件不太好懂。」

 「沒有這回事啊，我寫得很簡單易懂啊。」

 「最好修改一下結構，在開頭說出結論。」

 「算了吧，這就是我的風格。」

・能夠建立信任感

 「芝麻彥的郵件不太好懂。」

 「沒有這回事啊，我寫得很簡單易懂啊。」

 「最好修改一下結構，在開頭說出結論。」

 「既然麥夫都這麼說了，我就修改一下寫作方式吧。」

信賴關係的基礎是相互理解。如果只希望別人理解你，而你不去理解別人，就太任性了。

如果你想充分了解對方的意圖，僅聽對方講話是不夠的。必須透過①把想法轉化成語言②說話③聽取對方講話④轉換你聽到的語言、理解其中的含義，這一連串的動作，才能把自己的想法傳遞給對方。但是在①～④的過程中，會因為表述不足、理解不充分、健忘等原因造成資訊傳遞缺失，這時就需要能夠表明自己態度的「回溯法」。

回溯法是指提供與對方發言相同含義的回答，強調自己與對方的認知相同。

比如，下面的對話就是一個典型的例子。

「這個麵包的奶油味道太重了，好難吃啊。」

「是啊，奶油味確實很重，很不好吃。」

「哦，麥夫你也這麼覺得啊。果然如此。」

還可以在對方的內容裡加入自己的意見，從而引發討論。

「是啊，奶油味確實很重，很不好吃。如果能再加點酸味，就會好吃一點。」

「是嗎，還有加酸味的方法啊。」

回溯並不是簡單的阿諛奉承，而是一種向對方突顯出自己充分理解對方的想法、價值觀的技巧。

在不影響對方心情的情況下否定對方的意見

一味贊同他人的想法無法推進交流。當雙方意見出現明顯分歧，並且需要繼續和對方朝著一個方向行動時，我們應該怎麼做呢？如果能解決這一點，就代表雙方可以對等交流。

比較自己與對方的方案，採用其中一個方案或者考慮折衷方案，是利弊分析或兩難推論的做法。

但是，在實際交流中，錯誤的交流方法有時會使對方在邏輯上同意你的想法，但在情感上並不認同你，最終導致意見不統一。為了避免出現這種情況，引導技巧中還有一種技巧能讓對方愉快地協助你的工作。

前面介紹的回溯法，是透過贊同他人推進交流。但這個技巧只適用於全面認同他人意見，或者在對方意見的基礎上來改善的情況，如果你想駁回對方的建議，就無法使用該技巧了。這時能幫助到你的就是YES・BUT法。

雖然YES・BUT法的最終目的是否定對方的意見，但是該方法的關鍵在於一定要贊同對方的部分意見。例如，當麥夫想要駁回芝麻彥的意見時，就採用了這個方法。

「在奶油較多的調味麵包裡加入很多柚子醋後，麵包會帶有酸爽的口味，感覺變好吃了。」

「你說得沒錯，口感確實清爽了不少，我也覺得這樣可行。但是每個人能接受的柚子醋的添加量不一樣，我們還是再想想其他方案吧。」

「啊……也是。確實不應該在麵包裡強行加入柚子醋。」

當難以駁回對方的意見，或者仍有可參考的一部分意見時，應以對方的意見為基礎，一點點加入自己的意見，並說明原因。這種方法之所以有效，是因為能讓對方覺得自己也參與了結果的總結。

下例也使用到了YES・BUT法。

「在奶油較多的調味麵包裡加入很多柚子醋後，麵包會帶有酸爽的口味，感覺變好吃了。」

「你說得沒錯，口感確實清爽了不少，我也覺得這樣可行。但是每個人能接受的柚子醋的添加量不一樣，我們還是再想想別的方案吧。」

「我還想了幾個方案，但還是加入柚子醋的麵包最好吃。」

「我知道了。可能確實加點酸味比較好。既然如此，我們找一些富含酸味的水果怎麼樣？」

「是啊，只要是有酸味的東西應該就可以。」

只要掌握了回溯法和YES・BUT法，就能在互相尊重對方價值觀的同時接受對方的建議，並推動整個討論向著積極的方向發展。

也有和對方從正面交換意見的做法，但是在做到這一步之前，必須在一開始就和對方建立剛剛提到的信任感。畢竟在這個世界上，願意從不太熟悉的人口中聽到否定意見的內心強大之人並不多見。

這種引導技巧是馬上就可以使用的。希望以前沒有嘗試過的人務必挑戰一下。

第4章

序章　了解解決問題的思考方式

第1章　問題解決的王道

第2章　案例分析基本篇　使用不同的思考方式解決問題

第3章　職場常用的商務思考框架

案例分析實踐篇

學習知名案例

本章以真實的知名案例為基礎列舉，使用第3章所學的22個商務思考框架，分別用邏輯思考、水平思考以及批判性思考解決問題。

透過案例分析熟練掌握各框架

商務思考方法中常用的框架

上一章中，我們分別透過邏輯、水平、批判性這三大思考法說明了常用的商務思考框架。儘管案例中分別使用了每一種框架，但是對於我們周圍發生的問題，往往需要把這些框架搭配在一起使用。

本章中，我參考了幾個廣為人知、經典的問題解決案例（包括成功案例和失敗案例），希望透過案例分析讓大家明白麥夫他們解決問題的整個過程。

如下頁圖表所示，我整理了案例分析時會用到的框架。案例大致分為靈活使用了這些框架的成功案例和沒有靈活使用框架的失敗案例。案例中出現的企業來自各行各業，其中也有雖然成功過，但因為沒有活用這一經驗，數十年之後在同一領域失敗的企業。

那麼，我們該如何搭配使用框架，解決眼前的問題呢？本章將透過實踐加深大家的理解。

常用工具（框架）

	成功案例　失敗案例	 工具1	 工具2	 工具3
1	把產品賣給不同文化背景的國家	故事法	SCAMPER	
2	質疑業界常識	邏輯樹 金字塔結構	類比法	一致性／差異性分析
3	透過模仿熱情收穫真實的感動	因果關係／相關關係	感染／模仿	
4	產生意料之外的熱賣商品	親和圖法	腦力激盪	PAC思考 認知偏誤
5	開拓更長遠的市場			利弊分析 奧坎剃刀
6	偏離主道反而造就了劃時代的商品		缺點、期望列舉法 感染／模仿	認知偏誤
7	需求突然增加，我們應該怎麼辦？	IPO TOC		
8	估錯價格會導致銷量不佳！？	MECE 文氏圖		直方圖
9	為什麼會被別人的思考影響？			BATNA／ZOPA 兩難推論

成功案例①
把產品賣給不同文化背景的國家

NICE HARVEST公司的銷售額主要來源於合作店鋪的麵包銷售。該公司在日本有幾家直營店，透過把剛烤好的麵包直接送到顧客手上來提高品牌的競爭力。雖然還沒有徹底在國內站穩腳跟，但心急的經營層已經開始打算進軍海外市場了。

受到經營層的指示，負責人來到處於寒冷地帶的某候選城市考察。以下是他提出的報告書。

「雖然這座城市裡有很多生活富裕的人，但冬天的天氣冷到可以拿香蕉敲釘子。如果把水分較多的點心麵包或者小蛋糕放進紙袋交給顧客，那麼等顧客回到家時，麵包就會被凍住，變得硬邦邦的。所以當地人會在回家後把凍住的麵包用微波爐解凍後再食用。但這樣麵包的口感就會變差，所以把麵包打包回家的人並不多。」

如果經營層堅持決定向寒冷地區發展，那麼從哪些方面下功夫，才能讓大家多買麵包呢？

解決問題的思考方式

透過負責人的報告可以得知，如果沿用日本國內的銷售方式，那麼在顧客把麵包帶回家後，麵包已經被凍得硬邦邦了。

想要多賣一些麵包，不應只考慮讓顧客在店裡吃掉麵包，而必須增加麵包被帶回家後的可食用性。怎麼做才能讓顧客想把麵包帶回家吃呢？這時可以用**故事法**站在當地人的角度進行思考。

如果帶回家的麵包不被凍住，那麼麵包的口感就不會變差。所以只要把麵包放在保溫容器裡，就能使麵包在從店鋪帶回家的過程中不被凍住，從而防止口感變差。

但是，如果做好的麵包直接接觸了容器，口感也會下降，所以還需要考慮防止直接碰觸的方法。這時，可以使用**SCAMPER**確立作業順序，讓任何人都能簡單地完成操作。

利用故事法模擬場景

芝麻彥：「其實不到麵包會被凍住的地方發展就沒有煩惱的必要了，不過不能這麼說吧？」

小照前輩：「的確如你所說，我們在國內都沒到那麼冷的地方發展，第一次進軍海外真的沒必要選擇難度這麼大的地方。但是機會難得，就當是鍛煉了，讓我們來想想解決辦法吧。」

麥　夫：「知道了，那我就來說說我的想法。根據報告可以得知，雖然這個城市也有麵包店，但是麵包會在被帶回家的途中凍住，所以很少有人把麵包帶回家吃。也就是說，如果能保證麵包不被凍住，那麼顧客還是會選擇在家裡食用的。」

芝麻彥：「的確如此。如果麵包不會結凍，口感就不會變差。這樣一來，也許會有人想把麵包帶回家。但是，具體你想怎麼做呢？」

麥　夫：「芝麻彥，這個時候應該使用**故事法**，站在當地人的角度思考。我曾體驗過北海道攝氏零下20度的冬天，所以應該能設身處地地思考。」

小照前輩：「好啊，你試著想想看吧。」

麥　夫：「首先，假設我住在這個城市，然後再設想一下什麼情況下，帶回家的麵包不會凍住。我走出麵包店，大雪朝我砸來，鼻子也幾乎要被凍住了。在這種情況下，就算我把麵包夾在腋下，麵包也會很快結凍。北海道的人走路時會把東西放在保溫罐裡。這樣一來，外面的冷空氣很難進入瓶子，裡面的東西幾小時也不會結凍。」

芝麻彥：「麥夫，保溫罐應該很貴吧？如果幫顧客準備保溫罐，我們就沒辦法盈利了吧？」

麥　夫：「如果只要求保溫罐在回家路上的幾十分鐘內有保溫效果，可以用便宜的金屬製作。」

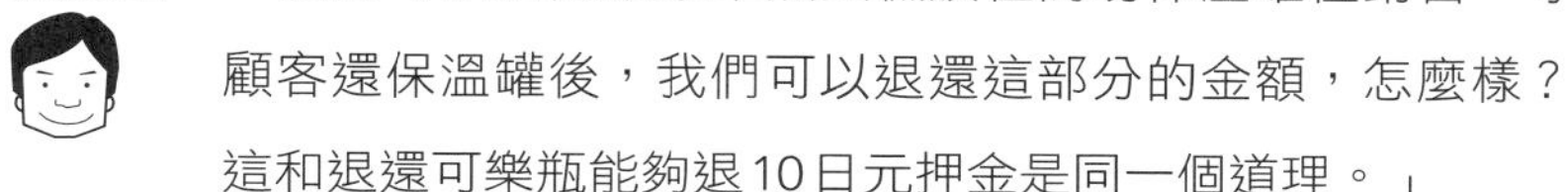

小照前輩：「我們可以把高級豪華蒸蛋糕放在簡易保溫罐裡銷售，等顧客還保溫罐後，我們可以退還這部分的金額，怎麼樣？這和退還可樂瓶能夠退10日元押金是同一個道理。」

芝麻彥：「而且這個城市的有錢人很多，就算價格貴一點還是會有人買的。我們就用這個方法吧。」

麥　夫：「還有，顧客怎樣把麵包拿回家也要研究。我想大部分人都會用手拎著瓶子或者夾在腋下，所以如果能在保溫罐上裝一條圓一點的繩子，使用起來應該會方便很多。」

小照前輩：「現在我們的想法越來越具體了。好，就沿著這個方向繼續思考吧。」

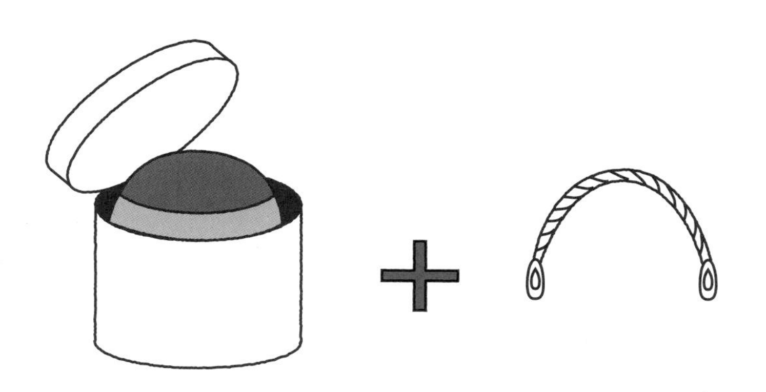

利用SCAMPER換個方式思考

麥　　夫：「我已經買到了小型保溫罐了。」

芝麻彥：「看起來蠻貴的，花了多少錢呀？」

麥　　夫：「也不是很貴，一個500日元。如果向工廠大量訂購，一個應該在200日元左右。」

小照前輩：「如果是在每個麵包的價格上加200日元，針對頂級客群的蒸蛋糕應該可以賣得出去。趕快試試把蛋糕裝進去吧。」

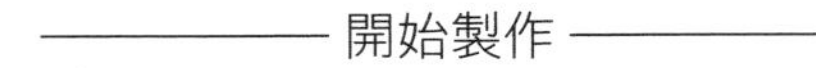
開始製作

麥　　夫：「小照前輩，不行啊。雖然一個一個慢慢放的時候沒什麼問題，但如果想要提高速度，就沒辦法擺得特別好看了。」

小照前輩：「會變成什麼樣？」

麥　　夫：「因為蒸蛋糕的表面是黏的，如果碰到罐子，就會被黏住。雖然只想讓蛋糕下半部的紙杯接觸到罐子，但是把蒸蛋糕放到罐子裡的時候，很容易黏到手上，總是放不好。」

小照前輩：「嗯……確實有點困擾。雖然使用保溫罐是個好方法，但是這樣一來，就沒辦法用這個方法了啊。」

芝麻彥：「麥夫，你能把你的裝罐順序再說一遍嗎？」

麥　　夫：「好的。首先，把保溫罐的蓋子打開，放在面前。把剛做好的蒸蛋糕整層搬過來，用右手拿住蒸蛋糕，把它放進保溫罐裡，最後蓋上蓋子就完成了。然後重複進行這套動作。但是，到最後一個步驟的時候手容易發抖，蛋糕表面就會黏在罐子上了。」

芝麻彥：「也就是說，用手拿的時候容易發抖，所以才會黏到。既然如此，把蒸蛋糕輕輕倒置在檯子上，再把保溫罐蓋上去不就行了？因為蛋糕的底部用紙杯包著，所以不用擔心會黏在罐子上。」

麥　　夫：「是哦！就算拿著保溫罐的手會抖，因為紙杯是固定的，所以可以不黏到任何東西、乾淨地蓋上去！」

小照前輩：「這回我們利用SCAMPER切換思考方式，順利地找到了解決辦法。」

打開蓋子，將保溫罐放在面前 → 把剛做好的蒸蛋糕整層搬過來 → 右手拿住蒸蛋糕，放入保溫罐中 → 蓋上蓋子，完成作業

放在檯子上：保溫罐
用手拿：蛋糕

放在檯子上：蛋糕
用手拿：保溫罐

實例介紹——日清杯麵

上述案例參考了日清食品創始人安藤百福發明泡麵的故事。杯裝泡麵從1971年開始銷售，截至2012年，日本國內共售出200億份，包括海外市場在內共80個國家的銷售量則達到近300億份。它是世界上最知名的泡麵品牌，也是世界上第一家發售杯裝泡麵的公司。

起初日清食品憑藉雞汁泡麵不斷擴大在日本國內市場的佔有率，在安藤的決策下，日清食品於1966年將泡麵賣到了美國，開始進軍海外市場。

當時的雞汁泡麵都是用塑膠袋包裝的，需要把麵和調味料放進碗裡，再加開水泡開。但是，在商務談判的現場找不到合適的碗。這時，美國買方把雞汁泡麵的麵捏碎了放入杯子裡，然後再加開水泡開。安藤看到人們用杯子泡麵，用叉子吃麵的樣子，就開始思考：

> 「只要把塑膠包裝換成簡單的容器，加入開水後就可直接食用，這樣泡麵是不是也可以在沒有筷子和碗的文化圈內普及？」

安藤認為美國買家的行為是美國人共有的習慣。此時可以運用**故事法**來想像美國人在日常生活中的情境，怎麼樣才能輕鬆品嘗美味的泡麵。

製作杯裝泡麵時，遇到的最大難題是麵的構造。想讓麵體在加入開水的杯中自然散開，均勻地交織在一起並不簡單。

如果只是簡單地把麵和調味料放在杯底，然後再加入開水，就會使杯內上下溫度不均，湯的濃度也會有差異，這種情況下泡出的麵一點都不好吃。為了改善這一問題，他們把包裝改成了能讓麵剛好放進去的圓柱形。然而這麼一改，又出現了新的問題。

在大量生產的過程中，機器會依次把麵塊從上面投入位於傳送帶的包裝杯裡。由於麵體在落下時很難保持平衡，時常會發生投放的麵塊豎立或者傾斜的情況。在這種情況下倒入開水，麵體和湯很難完美地融合在一起。

考慮再三，安藤又想到了下面這個辦法。

「不應該把麵塊裝進杯中，而應該把包裝杯蓋在麵塊上。這樣就可以避免麵塊豎立或者傾斜了吧？」

這一設想很有成效，十分順利地解決了問題。就像「如果推不管用，就拉一下試試」的說法，安藤透過對調作業順序以及物件的位置，找到了解決方法。這種思考方式屬於SCAMPER中的Reverse（互換、顛倒）。

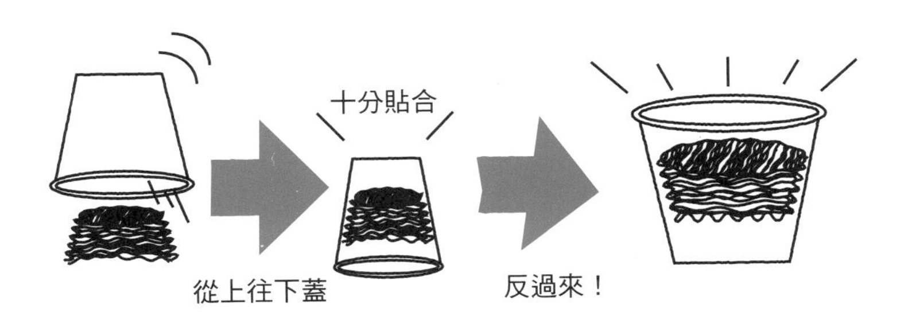

成功案例②
質疑業界常識

NICE HARVEST公司經營層再三考量是否向海外拓店後，最終決定進軍南方國家的市場。開店的前提是把海外1號店的麵包房開在南方國家旅遊勝地的某一流飯店的大廳裡。

和飯店協商後，對方以統一酒店的整體氛圍為由，要求由飯店決定最終銷售商品的種類。這屬於此地區的商業習慣。

NICE HARVEST公司為了提高利潤、提升公司品牌價值，想在店裡擺放一些屬於自家品牌的相關商品（手提袋、圍裙等），但是飯店方表示「不可以擺放」。

而NICE HARVEST公司希望海外1號店能在南方國家的旅遊區長期經營下去，自然想要在店裡銷售一些能提高品牌形象和利潤的商品。這時應該怎麼做呢？

解決問題的思考方式

雖然經營層做出英明的決斷，避免了往寒冷地區發展，但是在新進軍地的南方國家還是遇到了一些問題。

NICE HARVEST公司不想只賣麵包，但是飯店卻認為只要將麵包賣給飯店裡的客人就可以了。按照當地的潛規則，NICE HARVEST公司必須接受飯店的意見。

面對這樣的不利條件，當地的其他承租者不可能沒有任何異議地欣然接受。我們可以用**邏輯樹**整理出自己公司的利潤構成，再用**金字塔結構**分析其他公司的商品，調查二者在利潤構成上有何不同。

如果能用**一致性／差異性分析**比較自家公司和其他公司的現狀，再用**類比法**找到可以彌補不足的線索，也許能想到史無前例的新辦法。

利用邏輯樹認識自家公司的收益構成

小照前輩：「首先必須確認清楚我們公司在南方國家海外1號店的目標是什麼。你們倆知道公司的主要業務有哪些嗎？」

麥　　夫：「的確如此……NICE HARVEST公司的主要業務大概分為4類。分別是：①為合作店鋪製作各類麵包；②直營店的運營；③麵包教室的運營；④自家品牌相關商品的銷售。」

小照前輩：「沒錯。順帶一提，這四大業務的銷售規模（大中小）和利潤率（高中低）分別是：①大：低；②小：中；③小：低；④中：高。海外1號店可以進行以上哪幾種業務？」

麥　　夫：「我們公司在海外沒有麵包工廠，當地也沒有能在麵包教室教學的人才。所以，應該把業務集中在②和④上。」

小照前輩：「正是如此。但現在的情況是，雖然他們允許我們作為承租者在飯店裡開直營店，但是不允許我們販售自家品牌的相關商品。」

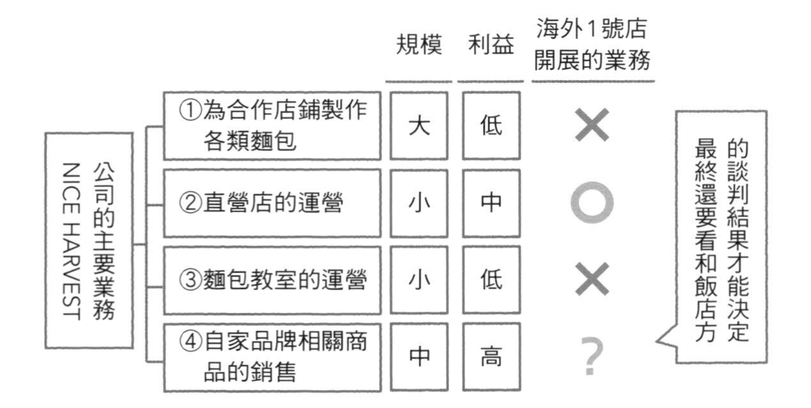

利用金字塔結構分析其他店鋪的收益構成

芝 麻 彥：「雖然飯店不允許我們銷售自家品牌的商品，但是它的利潤很高，不賣就太可惜了。」

小照前輩：「是啊。所以我想調查一下入駐這家飯店的其他餐飲店都在賣什麼產品。」

幾個小時以後

麥　　夫：「資料都收集到了。讓人比較意外的是，所有的店鋪都只賣食物和飲料。就連那個有著人魚標誌的知名咖啡店，也沒有賣玻璃杯和手提袋。」

芝 麻 彥：「真的嗎？他們家的所有店鋪都會售賣玻璃杯、攪拌匙和杯墊。連他們家都不賣了嗎？」

麥　　夫：「作為參考，我用金字塔結構整理了這家公司在南方國家分店銷售的商品以及一般店鋪的收益構成。看了這張圖後，讓人覺得特別在意、特別不自然的地方是，為什麼他們會選擇在這開店。」

利用一致性／差異性分析掌握其他店鋪的策略

芝麻彥：「在這樣不利的條件下，他們居然還想要繼續經營咖啡店。」

麥　夫：「是啊。而且其他所有的餐飲店都只賣食物和飲料。啊……好想在南方國家店擺上我們的吉祥物『小收穫』啊……」

小照前輩：「現在放棄還太早。其實在飯店附近有一座大型的購物中心，那裡有飯店中的咖啡店的分店。他們在那裡銷售咖啡器具以及自家品牌的商品。」

麥　夫：「什麼？這是怎麼回事？！明明都在飯店裡開店了，還專門跑到附近購物中心開分店，這麼做很沒有效率吧？」

小照前輩：「他們這麼做純粹是為了賣那些在飯店裡賣不了的東西。因為店鋪不開在飯店裡面，所以飯店無法干涉，而且如果分店就在附近，還可以推薦飯店的客人去購物中心的店鋪。我們先考慮清楚自己到底想做什麼以及周圍的情況，然後再決定對策吧。」

NICE HARVEST公司到底想在南方國家做什麼（必要條件）	其他咖啡店的策略		NICE HARVEST公司的對策
②直營店的運營	在飯店開店	▶	接受飯店的條件
④自家品牌相關商品的銷售	在隔壁的購物中心開分店	▶	與購物中心進行開店交涉
	在飯店內的店鋪放置看板指引客人去購物中心的分店	▶	得到飯店在店鋪內放置引導指示牌的許可

用類比法找出超越其他店鋪客流量的方法

芝麻彥：「雖然現在只有在購物中心同時開設分店這一個辦法，但是客人真的會從飯店那邊過來嗎？」

小照前輩：「說說你的想法吧。」

芝麻彥：「不好意思，掃大家的興了。但是我覺得單憑看板很難把客人引導出飯店。因為來我們店的客人一定是來買麵包的，如果是這樣，那麼飯店店鋪裡就有賣，沒必要到外面去買。所以我們必須為客人製造新的動機。」

小照前輩：「的確如此。那你有什麼好辦法嗎？」

芝麻彥：「比如有一種特別的麵包，只有到商業街的分店才能買到。並且還要在飯店店鋪的功能表裡展示，讓人一看就垂涎欲滴的那種。這樣一來，客人有興趣自然就會去商業街的分店了。」

小照前輩：「哦，聽起來不錯。你是怎麼想到這個辦法的？」

芝麻彥：「上周我因為身體不適，去了一趟醫院。當時醫院只列了一張藥單給我，必須去附近的藥房才能買到。所以我覺得，想讓人從一個地方移動到另一個地方時，可以使用這種方法。」

小照前輩：「這是比較直接的**類比法**呢。好！就按這個方法進行！」

實例介紹：樂天棒球隊（東北樂天金鷲隊）

本案例參考改變了日本職業棒球界整體商業模式的樂天棒球隊（東北樂天金鷲隊）的故事。2005年這支隊伍首次加入太平洋聯盟，雖然在棒球錦標賽的排名墊底，但是第一年就創下開始盈利的戰績。

以前，人們都認為日本職業棒球只屬於大企業廣告宣傳的一部分，大部分經營方認為就算棒球這一塊賠錢也沒關係。事實上，除了一部分球隊，虧損在20億日元以上的球隊不在少數。而買下一支球隊，就意味著要經營一個常年虧損的事業。

但是，體育產業確實也有能夠盈利的案例。所以，樂天棒球隊徹底分析了美國職棒大聯盟、日本職業足球聯賽以及歐洲職業足球聯賽的商業模式，反覆運用**金字塔結構**整理其體系，用邏輯樹分解其要素，以此重新審視日本職業棒球的商業模式。

分析結果表明，日本職業棒球隊的主要收入來源有：①售票；②放映權；③商品銷售；④比賽收入（包括飲食）；⑤法人贊助；⑥會員俱樂部會費6項，球隊經營的基本方針是放大這6項收入來源及抑制成本。

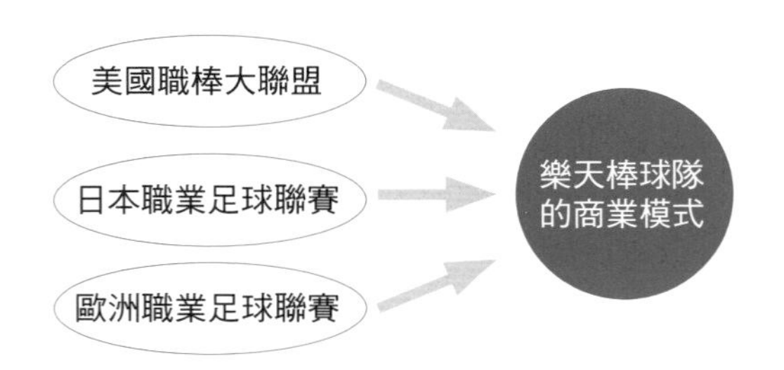

但是，對於隸屬於太平洋聯盟的樂天棒球隊來說，想要大幅度提高②放映權所帶來的收益是不可能的。所以他們把目光放在「以球場為中心全方位擴大業務範圍」這一點上。

剛才提到的①～⑥的收益，都會因為到場觀眾的增多而增加。注意到這一點的樂天棒球隊著手改造球場。

為了讓觀眾在停留在球場的這段時間內感到滿足，參考了費用昂貴的航空業和飯店業，最終得出這些創意發想。

特別是在團體觀眾席設置桌子，就是用類比法從完全不同的行業——居酒屋的商業模式中得到啟示，讓客人能充分地享受其中。

改造方案	目的
把觀眾席改造成日本球場中少有的左右不對稱結構	增加在本壘觀球的觀眾數量
設置不同等級的座位以及專用洗手間	滿足追求高附加價值的球迷
為團體觀眾席提供桌子	促使想在居酒屋看球的觀眾到現場看球
設置女性化妝室	促使帶小孩的家庭到現場看球
售賣選手相關的主題商品及飲食	既能提高選手知名度，又能針對忠實粉絲群體銷售，提高營業額

成功案例③
透過模仿熱情收穫真實的感動

NICE HARVEST公司在兩年前開設了麵包教室，希望以此擴大麵包愛好者的圈子。

麵包教室開設之初廣受好評，參加課程的學員也確實感受到自己對麵包的喜愛程度加深了。但是僅僅過了半年，當再詢問麵包教室的情況時，卻感覺大家的熱情消退了很多。

又過了不久，麵包教室的營業額開始持續下滑。

經過麵包教室負責人的介紹，我們得知麵包教室成立初期在店裡打工的員工決定去其他公司就職，所以從半年前都接二連三地辭職了。

雖然及時雇用了新員工，但也許因為其中沒有像離職員工那樣充滿熱情的人，所以影響了店內整體的氛圍和評價。

到底怎麼做才能讓麵包教室回到原有的氛圍呢？

解決問題的思考方式

如何看待麵包教室營業額持續下滑的原因，將左右到該案例的解決方法。

如果認為問題在於麵包教室成立之初員工擁有的那份熱情未被傳遞下去，就應該重新審視員工培養的問題。

另一方面，如果認為是麵包教室的教材左右了員工的熱情，就必須製作出無論講師是誰，都能讓學員相對滿意的教材。

想要培養充滿熱情的員工，就必須確保如何使領隊的熱情傳遞至整個團隊。這時使用**感染法**也許能夠解決問題。

其次，當學員無法被員工的熱情感染時，想要製作出令他們滿意的教材，就需要利用**因果關係／相關關係**分析現有教材、授課方式的何種因素與學員滿意度有關。

利用感染法潛移默化

麥　　夫：「參與創立麵包教室的員工離職後，營業額就下降了。他們一定都很優秀吧。」

小照前輩：「如果單單是因為這樣，那麼總有一天能夠拉回營業額。但現在的問題是，已經過去半年了，營業額依舊持續下降。到底是哪裡出了差錯呢？」

芝麻彥：「是不是參與創立麵包教室的員工的熱情沒有傳遞給剩下的員工呢？我覺得只要建立使命宣言，讓所有員工擁有共同的價值觀，當初的那份熱情就能夠延續下去。」

小照前輩：「你這是從相關人員那裡聽到了什麼嗎？」

芝麻彥：「其實，有一個離開麵包教室的員工被分配到了我隔壁的團隊。我偶然聽到他說，很後悔沒能把他們那批人積累下來的東西好好傳遞給後來的員工。」

小照前輩：「原來是這樣啊。既然當事人都這麼說了，一定沒錯。但是，為什麼當時沒能好好傳遞下去呢？既然當時他們都這麼有熱情，應該不會出什麼問題的啊。」

芝麻彥：「據他說，都怪當時給後輩的指示太多了，讓員工養成了不自主思考，而是一味等待指示的習慣。因為都是這樣的員工，所以麵包教室的學員也漸漸不來聽課了。」

麥　　夫：「一味等待指示的員工越來越多，該如何改善呢？我們必須把希望他們改變的事情確認出來。」

芝麻彥：「是啊，這麼一來，之前提到的使命宣言就很重要了。麵包教室成立之初，員工都抱有同一個想法，就是希望有更多的人可以和家人一起享用剛烤好的麵包。如果把這一想法訂為員工的共同目標，明文規定達成這一目標需要的行動準則，麵包教室的熱情也許就會死而復生了。」

麥　夫：「既然如此，我們以把麵包的好處傳達給大家、時刻向最高標準看齊為目標制定行動準則吧。比如說，成為最了解麵包的美好之處的人、幫助學員加深對麵包的興趣、打造不輸給其他地方的高級麵包教室。」

小照前輩：「聽起來不錯。想讓大家抱有同一個想法，就必須將其具象化。想要判斷為達成目標所採取的行動是否恰當，就應當透過行動準則把希望大家做到的事情傳達給大家。當確定了行動準則和大背景下的使命宣言，再透過**感染法**將其傳遞給員工，在展開行動時大家就不會再感到茫然。」

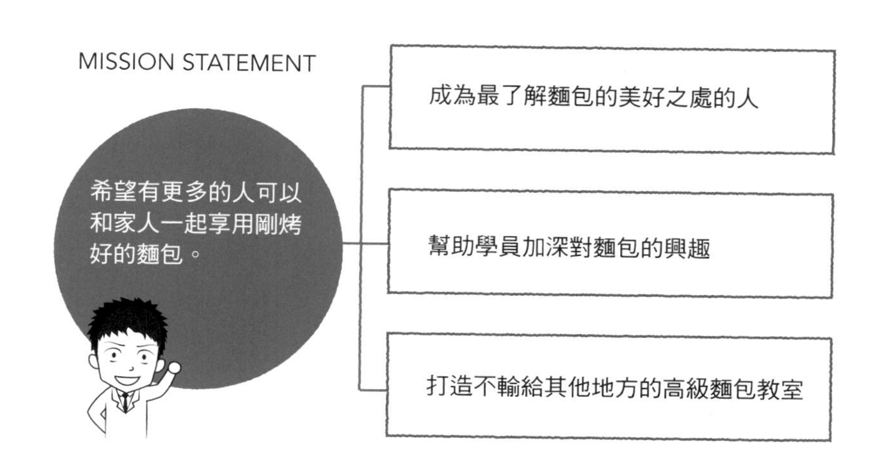

利用因果關係／相關關係找出需要改善的地方

麥　　夫：「麵包教室員工的熱情不夠，會給學員帶來不好影響，這我已經大概理解了。但我覺得它們之間的關係好比『大風吹來，木桶店就賺大錢。』（日本諺語），只是一種相關關係。」

小照前輩：「我們現在的情況是，雖然已經了解了契機和現狀，但對其過程並不是特別清楚。怎麼做才能明確具體的**因果關係**呢？」

麥　　夫：「雖然利用**感染法**讓全體成員擁有共同的目標很重要，但是還有一點不能忽視，就是麵包教室的教材缺乏吸引力。即使員工授課的方法不那麼出色，如果講課的內容是學員所期待的，營業額也不會減少這麼多。」

芝 麻 彥：「我也這麼覺得。如果使用的教材很無聊，學員就會根據員工的情況選擇繼續上課或者離開。」

小照前輩：「看來已經找到需要改善的地方了。只要向知情的人了解一下，應該就可以確定改善對策了。」

芝 麻 彥：「小照前輩，有知道的人哦。剛才不是也提到了以前的員工嗎？」

小照前輩：「對啊。請他幫我們確認一下麵包教室現在的情況以及正在使用的教材，應該就能找出斷絕消極相關關係的關鍵。」

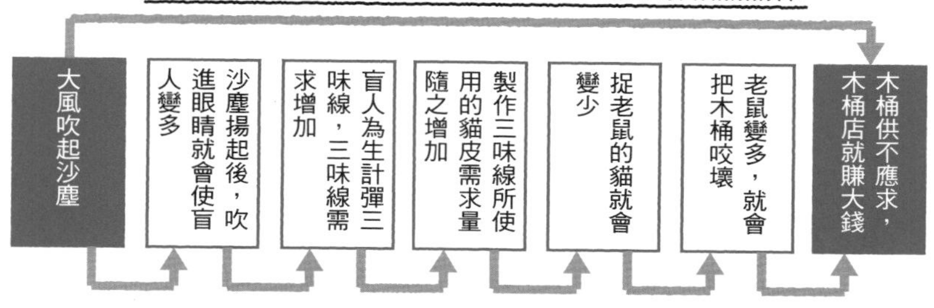

——————— 幾個小時以後 ———————

芝麻彥：「麥夫，現在怎麼樣了？了解到什麼了嗎？」

麥　夫：「直接去問真是太正確了。在參與創立麵包教室的員工還在的時候，教科書頂多作為參考，授課時員工會根據學員的反應不時地改變講課方式。但是現在的工作人員只是照本宣科，所以很多對此不滿的學員就漸漸不來上課了。」

小照前輩：「謝謝，我了解了。想要改善麵包教室業績低迷的情況，我們需要做兩件事。一是如果無法依靠員工自身的創新，就需要重新審視不適用的教材；二是需要建立一個能把曾經參與創立麵包教室的員工的熱情傳遞給全體員工的機制。好了，我們馬上開始考慮改善方案吧。」

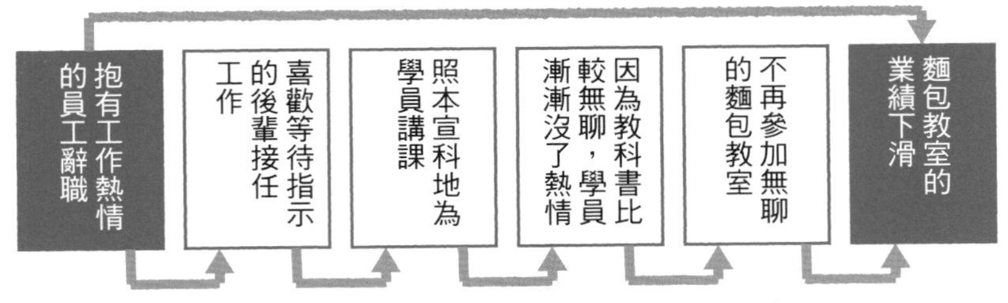

實例介紹：星巴克咖啡

本案例參考顛覆了咖啡店常識的星巴克咖啡（以下簡稱星巴克）的故事。星巴克的發展多虧了霍華・蕭茲（Howard Schultz）和霍華・畢哈（Howard Behar）這兩位「霍華」。在西雅圖之外的地區開設首家分店即芝加哥分店時（1987年），星巴克只有17家店鋪，而到了2008年，已經擴店至全球，擁有超過1.6萬家店鋪。

在霍華・蕭茲的努力下，星巴克首次進軍其他地區，選擇在芝加哥開設分店。但在當時，很難說西雅圖系的咖啡是否已為當地人接受。而且在芝加哥，咖啡界龍頭Folgers已經佔據大部分市場，除此之外，星巴克的咖啡和他們公司的咖啡相比，味道要濃得多。

即使在這種情況下，霍華・蕭茲依然堅信「把最高級的咖啡豆在最新鮮的狀態下提供給顧客」這一服務風格是正確的，並且不願意用脫脂牛奶或其他風味刻意迎合客人。這樣一來，芝加哥店鋪的經營狀態每況愈下。

就在星巴克的業績陷入危機的時候，另一位霍華（畢哈）加入了星巴克。

畢哈認為想要重振芝加哥分店，應該製作迎合顧客口味的咖啡。

由於地域關係，在西雅圖有很多喜歡喝濃咖啡的人，同理，地域不同喜歡的口味也會有所不同。畢哈看清了尊重當地口味與星巴克被當地人接受這兩者間的相關關係，並收集了員工的想法，研製出新口味的咖啡。

以此為契機，星巴克制定了自己公司的使命宣言。

【使命宣言】

To inspire and nurture the human spirit—

One person,one cup,and one neighborhood at a time.

啟發並滋潤人們的心靈，在每個人、每一杯、每個社區中皆能體現。

【行動準則（意譯・摘錄）】

> Our coffee

我們致力於追求最高品質的咖啡。我們注重每個細節，畢生追求、永不止步。

> Our Partners

我們接受工作夥伴的多樣性，致力於打造讓所有人盡情展示自我、輕鬆愉快地工作的環境。我們不卑不亢、相互尊重。

> Our Customers

把真心交給顧客，為顧客帶來感動。我們不僅提供最完美的咖啡，更重視人與人之間的聯繫。

> Our Stores

為顧客提供一個能夠放鬆身心的空間，讓他們在這裡找到歸屬感，享受一段愉快的時光。

> Our Neighborhood

所有店鋪透過每日的奉獻，讓我們的夥伴、顧客以及社區相互理解，成為一個整體。

> Our Shareholders

實現以上所有事項，共享成功的喜悅。

成功案例④ 產生意料之外的熱賣商品

由於得到地鐵公司的協助，NICE HARVEST公司爭取到了在車站開設店鋪、大規模銷售麵包的機會。

該車站是整條線路的終點站，規模非常大，每天的客流量超過10萬人次。特別是早上上班的尖峰期，很多人會因為換乘或者下車而路過大廳。

NICE HARVEST公司的店鋪開設在只在早上快速通勤車才會停車的特別車站裡。所以，事實上只能在早上上班的時間段銷售麵包。

因為地鐵公司也希望NICE HARVEST公司針對在通勤路上經過該車站的乘客開發出劃時代的人氣早餐，所以如果NICE HARVEST公司需要，地鐵公司願意提供車站內多個店鋪的營業額數據。

如果想透過分析資料研製出全新的人氣早餐，麥夫他們應該如何展開行動呢？

解決問題的思考方式

開發新產品的途徑有很多，本案例中，因為地鐵公司願意提供以往的營業額數據，所以我們應該對此加以利用，找出解決方法。

特別是在銷售時間受到限制的情況下，更應該分析車站內的各商鋪在早上可以賣出什麼商品。

我們需要在一開始先把產品開發的方向定下來。為此，我們要假設一個基本方案，然後用**PAC思考方式**驗證其前提和結論是否合理。

在此基礎上，從假設出發開始**腦力激盪**，自下而上地把所有能想到的方法列舉出來。接下來用**親和圖法**與歸納整理出這些想法中共同的要素，並確定新產品的概念。

最後，為了在新產品開發時不受到思考定式的影響，應當有意識地避免**認知偏誤**，進一步把想法具體化。

利用 PAC思考方式確認假設的合理性

芝 麻 彥：「他們願意讓我們在車站大廳開設專賣店，真是太厲害了。

這樣一來，NICE HARVEST公司的麵包就成名了。」

小照前輩：「這麼說還為時尚早，只能在早上銷售的限制對我們的影響還是很大的。首先應該思考一下，在既定的條件下我們究竟能做什麼。」

麥　　夫：「我們現在已知的是，專賣店只能在早上銷售麵包，以及針對通勤上班上學的人來販售。」

小照前輩：「也就是說，如果用PAC思考方式分析應該在早上銷售的麵包，應該是下面這樣。」

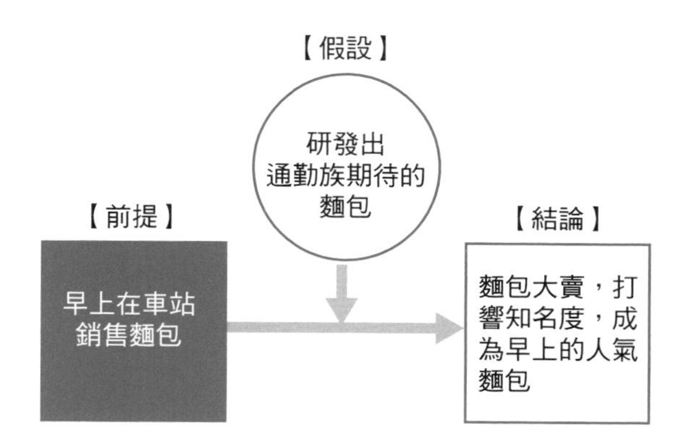

芝 麻 彥：「小照前輩，這也太簡單了吧。這樣整理真的對嗎？」

小照前輩：「一開始還是簡單一點好。要提前做好心理準備，如果前提和假設發生變化，我們就需要重新提出假設並驗證。」

麥　　夫：「這張圖裡最重要就是『研發出通勤族期待的麵包』這一假設能否成立吧。」

芝麻彥：「想要實現這一假設，需要找出什麼才是通勤族期待的麵包。調查車站內其他店鋪都在賣怎麼樣的商品，應該有助於我們找到靈感。」

麥　夫：「是呀。我去找地鐵公司，請他們把過去一個月通勤時間內的營業情況告訴我們。」

——————幾天後——————

麥　夫：「終於做好了。資料太龐大，整理起來花費了不少時間，不過我已經整理出各類商品的銷售情況了。」

小照前輩：「麥夫，就算和麵包沒什麼聯繫也沒關係，麻煩你把所有賣得好的食品都告訴我。」

麥　夫：「好的，因為種類有很多，所以我整理成了一張表。」

食品分類	銷量好的商品種類（按照營業額排名）
主食	飯團＞調理麵包＞三明治＞點心麵包
營養品	果凍狀食品＞固體狀食品
飲料	咖啡＞紅茶・茶＞水＞果汁＞酒
零食	口香糖＞糖果＞巧克力

利用腦力激盪鎖定解決方法

麥　　夫：「我已經把表整理出來了，接下來該怎麼辦？和麵包有直接關係的有調理麵包、三明治和點心麵包。」

芝麻彥：「麥夫，你不能被這一種思考模式限制了。如果在麵團和製作方法上多下點功夫，應該更有成效。而且，光做到這些還不夠，不能把目光僅僅放在車站，我們把能想到的、早上會在家裡吃的東西都列舉出來吧。從麥夫開始。」

麥　　夫：「什麼？我嗎？我想想……除了那張表上列舉的食物，我早上還會吃……對了，我經常喝味噌湯。」

芝麻彥：「這樣啊，味噌湯的確是早上必備的食物。我會吃煎雞蛋，小照前輩你呢？」

小照前輩：「我喜歡吃麥片，配上點堅果，再把牛奶澆上去，這樣既營養又好吃。」

芝麻彥：「原來如此，麥片配堅果啊。水果系列也是個好主意，我有時也會在上班前吃個香蕉或者蘋果。」

麥　　夫：「芝麻彥你的飲食習慣好像大猩猩，這麼簡單我不行。」

芝麻彥：「不用你管。不過這樣一來，我們就列舉了車站內銷量好的商品，以及早上想在家裡或者公司吃到的食物。我們需要的資訊大致已經收集好了吧？」

小照前輩：「沒錯。我們用這些資料繼續分析吧。」

利用親和圖法確立產品概念

麥　夫：「從收集到的資訊中把我們需要的要素提取出來之後，我發現這些食物主要有兩種功效。」

芝麻彥：「一是為了啟動大腦，二是為了攝取能量。不過早餐一般都會有這兩種功效中的一種。消除睏意和啟動大腦其實是一回事。」

小照前輩：「這樣整理後可以看出，在家裡吃的早餐都屬於攝取能量的範疇。」

麥　夫：「資料少可能會造成以偏概全的現象，不過可以說在上班路上吃的食物，大都是為了啟動大腦。」

小照前輩：「我們產品的概念也越來越明確了，就沿著這一方向定下產品方案吧。」

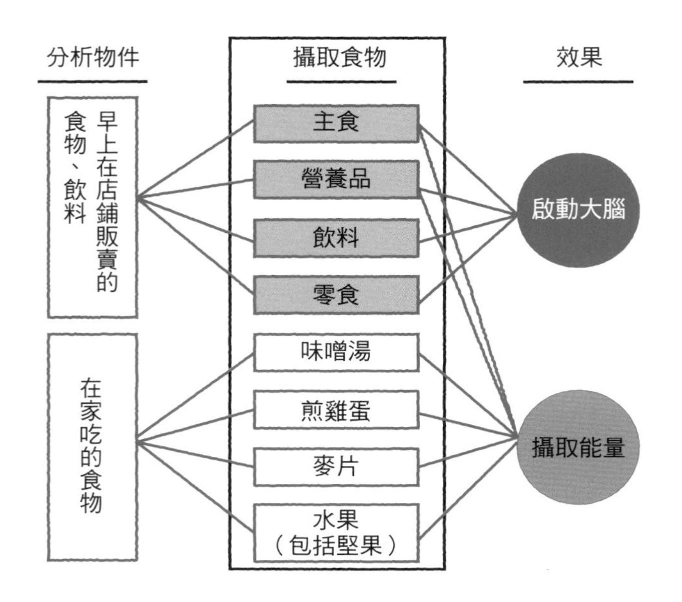

利用認知偏誤打破思考定式

小照前輩：「我和公司的營養師談過後，發現了一些有趣的事情。」

麥　　夫：「什麼事情？」

小照前輩：「在攝取食物的選項中，巧克力、咖啡、茶等都有啟動大腦的功效，因為巧克力裡含有葡萄糖，咖啡和茶裡含有咖啡因，口香糖和糖果則含有很多能轉化為葡萄糖的糖類物質。並且嚼口香糖這行為本身就有啟動大腦的作用。」

麥　　夫：「這些食物和飲品能成為人氣早餐果然是有理由的。」

芝 麻 彥：「這麼説來，在一開始整理的資料裡還有酒類這一項呢。原來還有喜歡早上喝酒的人啊。」

小照前輩：「單從啟動大腦這點來看，酒精的效果確實很好。如果只從喜好的角度來看，香煙裡含有的尼古丁也同樣很有效果。但是尼古丁對神經細胞有害，因此無法拿來做麵包。」

分類	項目	
飲品	咖啡（咖啡因）	啟動大腦
	茶（咖啡因）	
	酒（酒精）	
零食	巧克力（葡萄糖）	
	口香糖（糖分、咀嚼行為）	
	糖果（糖分）	

麥　　夫：「但我從來沒聽說過添加酒精的麵包。含糖麵包、巧克力麵包、咖啡麵包雖然都已經有了，但是配合口香糖一起吃的麵包還是史無前例的，添加茶的麵包也沒有聽說過。繼續朝這個方向探討真的沒問題嗎？」

芝 麻 彥：「麥夫你說的我能理解，但是劃時代的產品不就意味著要打破前例嗎？」

小照前輩：「沒錯，因為市面上沒有，才有製作的價值。我們的這些分析都是基於以往業績以及科學資料得出的，所以沒必要覺得不安。麥夫是受到了**認知偏誤**中月暈效應的影響，才會有負面的感覺。」

麥　　夫：「對不起，忍不住就想和過去做對比，這麼做就沒辦法創新了。」

小照前輩：「就像現在這樣，這次開發麵包的概念雖然是啟動大腦，但是結合前面的所有情況，作為刺激大腦活動的功能性商品，我想把這次的新產品定義為特定保健食品。」

芝 麻 彥：「哇，聽起來好厲害。那我們把已經知道的資訊全部收納進來，開發劃時代的早餐麵包吧！」

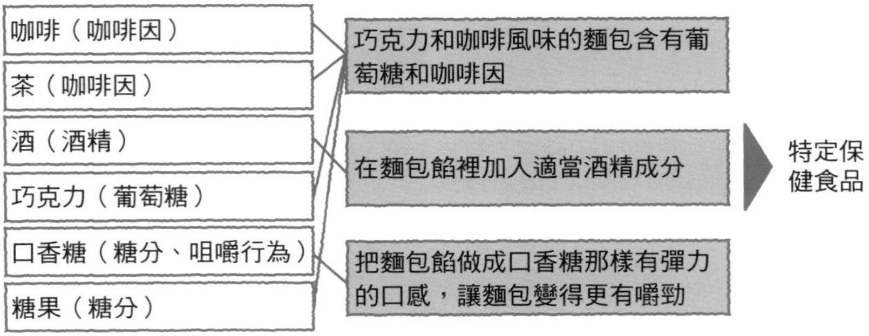

咖啡（咖啡因）
茶（咖啡因）
酒（酒精）
巧克力（葡萄糖）
口香糖（糖分、咀嚼行為）
糖果（糖分）

巧克力和咖啡風味的麵包含有葡萄糖和咖啡因
在麵包餡裡加入適當酒精成分
把麵包餡做成口香糖那樣有彈力的口感，讓麵包變得更有嚼勁

▶ 特定保健食品

實例介紹：AWAKE!（全家便利商店與格力高）

本案例借鑒了引領晨間巧克力熱潮的「AWAKE!」的故事。

該商品是專門在早上食用的巧克力，由全家便利商店和格力高（Glico）共同開發。在當時，雖然早上喝一杯咖啡的印象早已深入人心，但是早上專屬的巧克力這一想法並未成型。他們的產品就是為了引發這一新潮流，提高銷售業績。

便利商店總部會利用商品銷售記錄終端即POS系統統計各便利商店的銷售情況，然後分析收集到的資料，把暢銷商品按照銷售時段劃分，抓住各突破口編寫報告，並在制定商品進貨計畫和新商品開發企畫的階段把報告內容回饋進去。

全家透過報告注意到，早上的時段不僅客流量較多，茶飲、罐裝咖啡、香煙這些商品也賣得格外好。

透過這些現象，他們設定了可以開發其他晨間系列新產品的假說。接下來，他們開始用PAC思考方式收集驗證資料。

因為各類商品的資料非常龐大，如果貿然展開調查，很難得到新的發現，所以首先需要使用某種方法鎖定調查物件。他們應該是用腦力激盪列舉了一些顧客喜愛的產品，從中選出巧克力一項並展開調查。

在進一步詳細分析資料後，他們發現剛好能放入口袋的商品在早上賣得特別好。這種精細的分析方式十分奏效，他們在分析了晨間熱賣的巧克力商品，利用親和圖法對得到的各種觀點進行要素選取後，發現賣得較好的巧克力包裝也非常簡潔小巧。

雖然巧克力會給人一種零食的感覺，但從調查結果來看，辦公室附近店鋪的巧克力銷量也很可觀。也就是說，巧克力能幫助上班族在緊張的工作氛圍中放鬆心情。

於是，全家找到了某知名零食製造商，希望和他們共同開發晨間巧克力。但是這位從業者以「從沒聽說為了讓人們在上班路上購買而設計的巧克力」為由拒絕了他們的提案。由於受到了**認知偏誤**的影響，得出這樣的結論也沒辦法。

最後，格力高對全家的提案非常感興趣，並參與了共同開發。越咀嚼，越能品嘗到巧克力甜與苦的奇妙融合，該產品在開售之初就引起了很大的討論。

上班族經常會在上班路上帶一塊便於攜帶的晨間巧克力，如今這已是稀鬆平常的事情。正因為全家沒有受到以往習慣的禁錮，而是用資料進行分析，才得以引領全新的潮流。

【產品特徵】
加入整粒咖啡豆，讓人能夠快速清醒，找回工作狀態

- 小巧時尚的包裝
- 適合想在會議前調整心態或者想要休息一會兒的上班族食用

成功案例⑤
開拓更長遠的市場

NICE HARVEST公司透過在直營店售賣麵包，以及出貨給合作店鋪的方式把麵包呈送至顧客面前，也可以說一般顧客都是透過這兩種方式吃到麵包的。

但是換個角度來看，從會在家裡做薄煎餅、購買鬆餅粉的普通消費者越來越多這一點，我們可以發現有許多人想在家裡做麵包和蛋糕。

而麵包機市場在2000年以後開始進入快速發展期，每年的增長率高達50%，NICE HARVEST公司當然不能錯過如此有前景的市場。

市面上已經有了針對家庭的麵包機專用麵粉。管理階層認為，想要繼續擴大該領域的市場，就需要和電器廠商合作，著手開發能夠使麵包機和麵包機專用麵粉一體化的新事業。

請在保證投產速度的前提下，考慮如何開發該事業。

解決問題的思考方式

前面介紹的例子都是新商品的開發，這次我們必須想出能夠超越其他公司的好點子。

雖然沒有充足的時間做調查和產品研發，但如果拿著沒有新意、換湯不換藥的點子加入麵包機市場，也不會獲得多大的收益。於是，NICE HARVEST公司考慮把麵包機與麵包機專用的麵粉配套銷售，作為公司的新事業來推廣。

麵包機市場還處於成長期，想必今後會有更加多樣化的發展。其他公司已經開發出了只需一個按鍵就能烤麵包、做義大利麵的產品。在產品種類越來越多的情況下，就需要揮動**奧坎剃刀**，從原點出發，回歸最簡單的產品，突出產品之間的差異性。

其次，由於 NICE HARVEST 公司沒有掌握麵包機的製造技術，所以必須和現有廠商通力合作。至於選擇哪個廠商，可以透過**利弊分析法**來鎖定。

利用奧坎剃刀確定新事業的概念

芝麻彥：「麵包機市場發展得真快啊，每年居然有50%的增長率，我以前完全不知道。」

小照前輩：「現在的麵包機就跟電鍋煮飯一樣，只需把麵包機專用麵粉放進去按下按鈕，第二天早上麵包就做好了。」

麥　夫：「喜歡用麵包機的人越來越多，早上想吃麵包的人也比想吃米飯的人多。」

小照前輩：「現在市面上的麵包機有什麼功能，誰有這方面的資料？」

麥　夫：「這個我調查過了，大部分商品都有以下的功能。」

分類	市面上的麵包機能做什麼	
小麥麵包	乾酵母	吐司 丹麥麵包 法式麵包 菠蘿麵包等
	天然酵母	天然酵母麵包
	蒸汽	蒸蛋糕 白麵包 包餡麵包
餐包	米粉 米飯	米粉麵包 餐包
糯米	糯米	
	蛋糕	
麵條	義大利麵	
	烏龍麵	

芝 麻 彥：「好厲害，可以做這麼多種食物。沒想到市面上已經有如此多功能的麵包機了，這樣的話，我們很難超越了吧？」

小照前輩：「也不是這樣，芝麻彥。現在的產品雖然能做簡單的吐司以及以吐司為基礎進行加工的麵包，但還不能製作蛋糕卷、牛角麵包這類大量使用牛奶和雞蛋的麵包，而這兩種麵包都是早餐中的人氣麵包，你不覺得這裡還有商機嗎？」

麥　　夫：「但是，既可以做吐司，又能做蒸蛋糕，甚至還可以全自動製作牛角麵包，開發這樣的麵包機，一定要花不少費用，產品體積也會變得更大。」

小照前輩：「沒錯，如果要安裝全部功能，就會變成麥夫說的那樣。但是，到底有多少人願意買什麼都能做，但是價格昂貴的大型麵包機呢？我們應該集中研發目標群體最喜歡使用的幾個功能。」

麥　　夫：「也就是只做蛋糕卷和牛角麵包的麵包機吧。」

芝 麻 彥：「我認為這的確是一個劃時代、也可行的方案。這兩種麵包都需要把麵糰反覆地揉搓成圓、不斷折疊，如果能實現一鍵自動，喜歡奶油類麵包的人一定會想買的。」

小照前輩：「這就是**奧坎剃刀**。不把現狀當成理所應當的情況，而是站在使用者的角度考慮最簡單的方法。我們就針對期望在家輕鬆享受做蛋糕卷和牛角麵包樂趣的人開發新商品吧。」

麥　　夫：「我知道了。我去找願意合作的廠商。」

利用利弊分析法鎖定合作廠商

麥　　夫：「我諮詢了麵包機市場上的幾個主要廠商，其中有兩家公司認同家庭全自動牛角麵包機的概念。」

小照前輩：「是分別有各自特點的廠商嗎？」

麥　　夫：「麵包SONIC和麵包印社對我們的提案很感興趣。麵包SONIC是佔有一半麵包機市場的行業領軍企業，在產品的功能方面是其他公司無法匹敵的。他們也想借此機會擴大產品陣容，作為他們的系列產品之一，和我們共同開發牛角麵包的專用麵包機。」

芝 麻 彥：「如果和麵包SONIC聯手，我們公司的名字就能打入麵包機市場了。」

小照前輩：「另一家麵包印社的情況呢？」

麥　　夫：「麵包印社雖然是一家老字號的家電製造廠，但在麵包機市場的佔有率並不高。不過，他們有特色麵包功能表，更揚言想透過這次牛角麵包專用麵包機的開發制霸奶油麵包市場。」

芝 麻 彥：「小照前輩，兩家公司都很有吸引力，應該怎麼選擇呢？」

小照前輩：「這時候就要使用**利弊分析法**，做一張表格比較一下。重要的是，對我們來說哪個廠商更能給我們帶來收益、幫助我們打響品牌知名度。我現在就去做表格，下次會談時我們再確認結果吧。」

麥　　夫：「我知道了（肯定會和在市場佔有率方面有壓倒性優勢的麵包SONIC聯手吧，跟知名企業合作也是一次難得的機會）。」

——————— 幾天後 ———————

小照前輩：「兩位久等了。比較後的結果是選擇和麵包印社合作。」

麥　　夫：「為什麼呀？麵包SONIC的市場佔有率是麵包印社的好幾倍，如果選擇麵包SONIC，購買牛角麵包專用麵包機的顧客應該更多。無論在收益還是提高知名度方面，和麵包SONIC合作都是更佳的選擇吧。」

小照前輩：「這次我們要開發的專用麵包機是迄今為止沒有出現過的產品，想要用的人自然會買，和製造該商品廠商的市場佔有率沒有直接的關係。只是可以預想到，在初期就選擇購買的人應該並不多。所以，收益率並不是最重要的，這次更應該重視如何打響品牌的知名度。而且，想要向購買麵包機的顧客突出我們NICE HARVEST公司的存在感，需要合作廠商在各方面與我們合作，市場佔有率低的廠商能夠給予我們更多的協助。」

芝 麻 彥：「原來如此，從這些方面考慮，應該選擇麵包印社。」

PROs 優點
CONs 缺點

滿分3分		麵包SONIC		麵包印社
提高收益×1	2分	喜歡牛角麵包的顧客會優先選擇購買	1分	喜歡牛角麵包的顧客會優先選擇購買
		能承擔更多的開發費用		能承擔部分開發費用
提高品牌知名度×2	2分	因為是劃時代的產品，能大大提高品牌知名度	3分	廠商可以盡力展現該產品的獨特性
		對於廠商來說，本公司的存在感不高		無
綜合評價		6分（2＋2×2）		7分（1+3×2）

實例介紹：伊士曼柯達公司

本案例參考的是讓拍照成為簡單的個人行為的美國伊士曼柯達公司（Eastman Kodak）的故事。

1870年代後期，雖然個人已經可以拍照，但是從攝影到顯影，需要照相機、膠棉濕版、顯影藥品以及相應的設備。

因為這樣一套設備太過笨重，出於更輕鬆地拍照這一考慮，伊士曼柯達公司的創始人伊士曼想出了乾版式照相機，並成立了伊士曼乾版公司（Eastman Dry Plate Company）。

但是由於乾版式照相機的玻璃板很大、容易損壞，伊士曼又開發了軸狀的紙質膠片，並推出了柯達照相機。

使用柯達照相機，花25美元可以拍攝100張照片。當時的商業模式是購買了柯達照相機的顧客在拍攝結束後，連同照相機一起寄給伊士曼的公司，之後就會收到顯影後的照片以及填充了新膠捲的照相機。

伊士曼乾版公司利用**奧坎剃刀**簡化了照相過程中所需的道具及顯影流程，在消費者中贏得了人氣，成為業界龍頭。

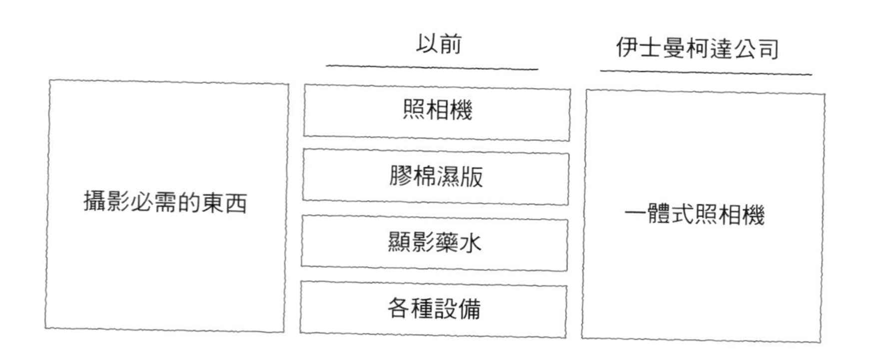

後來，公司將紙質膠片替換為賽璐珞膠捲，不斷締造成功經驗。

1902年，公司正式更名為伊士曼柯達公司，並壓倒性地佔據了90%的賽璐珞膠捲市場。即便如此，他們也沒有驕傲自滿，而是虎視眈眈地盯著下一個商機。

20世紀初期，當伊士曼柯達公司聽說德國一個廠商發明了彩色膠捲時，就確信彩色照片的時代終將到來，所以在公司研究所投入了大量的資金，準備開發具有實用性的彩色照片。

因為當時彩色膠捲的品質完全比不上單色膠捲，所以很多人認為只要繼續做單色膠捲就可以了。但是伊士曼在權衡了未來市場的大小以及實現目標需要投入的資金後，在黑白相片市場與彩色相片市場中選擇了後者。

正是由於這個英明的決斷，到1980年代末，伊士曼柯達公司成為行業領軍企業並稱霸了整個膠捲市場。

PROs 優點
CONs 缺點

	黑白相片市場		彩色相片市場	
未來市場的規模	△	PROs：市場已經成型，現為一家公司所壟斷 CONs：市場已無法繼續擴張	◎	PROs：有可能會吸收黑白相片的全部市場 CONs：在照片品質提升到能夠吸收黑白相片市場之前不會產生多少銷售額
必要的投資	○	PROs：技術已經成熟，無須大規模投資 CONs：無	△	PROs：無 CONs：想要完成技術革新，達到單色相片的品質，需要大量投資

4-6 失敗案例①偏離主道反而造就了劃時代的商品

NICE HARVEST公司雖然選擇和麵包印社共同開發牛角麵包專用麵包機，但在研發過程中，發現在技術層面上還難以實現這一功能，而且想要實現全自動化，需要花費高昂的成本。於是NICE HARVEST公司修改了行動方案，把目標轉向製作更為簡單的蛋糕卷。

這款產品受到了很多喜歡奶油類麵包的顧客的支持，並成為當年麵包機市場上的熱門商品。NICE HARVEST公司在成為奶油類麵包機市場的領軍企業後，準備乘著這個勢頭繼續集中精力研究蛋糕卷麵包機。

另一方面，競爭對手麵包SONIC已經成功研發出全自動牛角麵包機，但是這種麵包機製作出來的牛角麵包的品質不盡人意，想要達到投入使用的水準，還需要跨越重重障礙。

面對麵包SONIC，我們應該持有怎樣的戰略呢？

解決問題的思考方式

麥夫他們曾經的目標是開發牛角麵包專用麵包機，但開發這款產品的技術難度非常高，就連在麵包機市場的綜合排名一直前進的麵包SONIC也很難研發出具有實用性的產品。

此時，NICE HARVEST公司有兩個選擇。一是和麵包SONIC一樣，全力研發牛角麵包專用麵包機；二是在牛角麵包專用麵包機的技術成熟前，採取觀望的態度，並在這段時間不斷改善蛋糕卷專用麵包機的功能，鞏固自己對奶油類麵包市場的支配能力。

如果麵包SONIC還需要一段時間才能完成技術革新，那麼用蛋糕卷專用麵包機與競爭對手一決勝負，無疑會給NICE HARVEST公司帶來更多的利益。請在不受到**認知偏誤**影響的情況下做出判斷。

如果選擇改善蛋糕卷專用麵包機的功能，那麼可以使用**缺點、期望列舉法**，讓消費者感受到產品的更多優點。

利用認知偏誤檢驗自己是否犯了想當然的錯誤

芝 麻 彥：「一鍵型全自動牛角麵包機的研發果然相當困難。需要將麵揉到那麼細，看來未來幾年還是得手工揉麵。」

麥　　夫：「我和芝麻彥的意見相同。麵包SONIC把牛角麵包專用麵包機製作的試吃品拿給普通消費者，希望從他們那裡聽取一些想法，但是不滿的聲音不斷，看來很難實現商品化。我們暫時還是不要出手的好。」

小照前輩：「你們倆之前都對研發牛角麵包專用麵包機很積極，現在是怎麼了？」

芝 麻 彥：「這是自然的了。現在整個麵包機行業都在關注麵包SONIC遇到的苦戰，大家都說研發牛角麵包機還為時過早，我們也沒必要做這種火中取栗的事情。」

麥　　夫：「我們在研發牛角麵包專用麵包機上的確已經投入大量資金，就算害怕之前的投資打水漂而選擇繼續下去，短期內也很難有所突破。所以我們應該學會考慮機會成本，避免陷入沉沒成本效應（參考本書165頁）。」

小照前輩：「這樣啊。其實我們公司的管理階層也是這個想法。雖然我認為現在蛋糕卷專用麵包機的大賣讓我們有了投資牛角麵包機技術的資金，但既然大家都認為應該觀望，我就相信大家的判斷吧。」

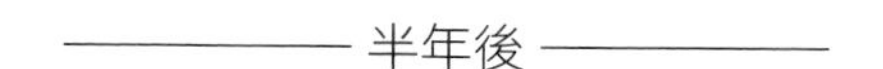

麥　　夫：「小照前輩，不好了！新聞裡說麵包SONIC的牛角麵包專用麵包機改良成功了。」

芝麻彥：「真的假的！從我們決定繼續改善蛋糕卷專用麵包機起才過去半年呀。不是說未來幾年都很難有技術上的突破嗎？」

小照前輩：「麵包SONIC好像和國外的大型麵包製造商技術合作。他們兩家公司應該是在技術上互補，從而完成了技術革新。」

麥　　夫：「不過現在還沒必要慌張，我們基本上佔有了整個奶油類麵包的麵包機市場。為了不讓現有的顧客流失，我們可以對蛋糕卷專用麵包機的功能進行強化，這樣應該能與麵包SONIC抗衡。」

小照前輩：「的確如此，我們還沒有輸，那就考慮一下如何扭轉現狀吧。說起來，當時做決定的時候是因為害怕**沉沒成本效應**，現在想來，是被大部分的意見左右，受到了**從眾效應**（參考本書165頁）的影響。」

利用缺點、期望列舉法整理功能改善方案

芝麻彥：「我們製造的蛋糕卷專用麵包機將NICE HARVEST公司特製的麵粉和麵包印社的機器相結合，製作出的麵包吃起來香甜柔軟。如果能對功能進一步優化，就能鞏固我們在奶油類麵包機領域的地位。小照前輩，麥夫，我們整理一下麵包機現有功能的缺點和可以改善的地方吧。」

小照前輩：「我覺得應該改善一下只能做蛋糕卷這一點。喜歡吃奶油類麵包的人裡也有很多喜歡吃吐司的。我們可以增加製作麵包的種類，你們覺得怎麼樣？」

麥　　夫：「我覺得要是能把蛋糕卷做成牛角麵包風味的就好了。讓喜歡牛角麵包的顧客選擇我們的麵包機套裝，應該只有這個方法了。」

芝麻彥：「哦哦！這個主意不錯！最重要的是要像牛角麵包。如果只是把表皮做得鬆脆一點，稍微修改一下設計就好了，產品更新也不需要花太長時間。」

麥　夫：「這樣一來，我們公司的麵粉也可以繼續銷售了。太好了，太好了。」

小照前輩：「這有點換湯不換藥的感覺，朝這個方向前進真的沒問題嗎？」

芝麻彥：「沒問題的，小照前輩。如果我是消費者，比起只能做牛角麵包的麵包機，我更想要能把蛋糕卷做成牛角麵包風味的麵包機。總之，我們先試試吧！」

——————幾個月後——————

芝麻彥：「小照前輩，對不起……能做牛角麵包風味的蛋糕卷麵包機完全賣不出去。」

小照前輩：「果真如此啊。知道是什麼原因了嗎？」

芝麻彥：「原因很簡單，想吃牛角麵包的人，會直接購買能輕鬆做出牛角麵包的麵包機。」

麥　夫：「我當時還覺得你的主意很棒呢。」

小照前輩：「是**認知偏誤**導致的。人會不自主地偏向自己或身邊人的意見。」

芝麻彥：「雖然用**缺點、期望列舉法**整理出了幾個想法，但是在選擇的時候，也要注意自己是否受到了**認知偏誤**的影響。受教了。」

蛋糕卷專用麵包機的改良	麵包的種類	【需要改良的地方】能做的麵包種類太少→應當增加能做的麵包種類	聽從了芝麻彥想當然的意見，沒有進行客觀的驗證。
		【期望】為了滿足喜歡牛角麵包的顧客，把蛋糕卷的表皮做成牛角麵包風味。	採納→失敗

實例介紹：伊士曼柯達公司

本案例參考了由於經營判斷的失敗，於2012年1月根據破產法宣布破產的美國伊士曼柯達公司的故事。

伊士曼柯達公司沒能趕上電子化的潮流，從1990年代開始收益銳減，最終導致經營失敗。而競爭對手富士底片把目標轉向數位領域，2000年初，他們公司的底片銷量還佔銷售總額的20%，到2011年已經將其壓縮至1%，銷售額增長1.5倍。

1981年，SONY公司發售了最初的商用數位相機Mavica，從此用數位媒介記錄照片成為可能。但是，當時的數位技術還不夠成熟，品質還不能取代之前的底片。

其實，數位相機是伊士曼柯達公司發明的，但是考慮到這項技術不能促進公司的主要收益來源——底片事業的發展，就沒有在這項技術方面花費過多精力，而是定下了1990年之前不參與數位相機市場的方針。

但是，電腦技術僅用一年半的時間就完成了兩倍的性能增長，數位相機也隨之急劇進化。1990年代中期，與電腦相配合、操作簡單的數位相機席捲了整個市場。

在這次技術革新之前，伊士曼柯達公司當時的領導人認為，「數位技術想要超越底片技術，至少還需要20年」。由於對自己公司的底片技術過於自信，導致沒能正確面對並接受世界潮流，產生了偏向自家公司的想法（**認知偏誤**）。

伊士曼柯達公司雖然沒有直接否定數位技術，但始終將它定位為對底片技術的補充。從他們公司的產品陣容就可以看出他們的想法有失偏頗。

比如，伊士曼柯達公司在2001年推出了預覽式底片相機（Advantix Preview Camera），這是一款融合了數位技術與底片技術的相機。用戶可以當場在液晶螢幕上確認用底片拍攝的照片，並可以指定加印幾張照片。但液晶螢幕只能保留最後一張照片的畫面，所有的照片都保存在底片上。因此，這種相機明明帶有液晶螢幕，卻需要消耗和普通膠捲相機同等數量的底片，從這點看，該產品確實令人遺憾。

雖然伊士曼柯達公司試圖用數位技術彌補底片相機的不足，但因為過於希望底片事業延續下去，忽略了顧客的想法。這是一個雖然用**缺點、期望列舉法**打破了現狀，卻完全弄錯了大方向的典型事例。

由於伊士曼柯達公司小看了數位技術超越底片技術與印刷品質的速度，導致錯誤判斷了縮小底片事業的時機。他們想當然地認為自己公司就應該做膠捲，並遵守選擇與集中的原則，放棄了膠捲以外的事業，因而沒能真正地參與數位事業，最終只能成為歷史。

雖然在100年前，伊士曼柯達公司成功實現了從單色相片發展到彩色相片的技術革新，諷刺的是，正因為這次成功的經驗，讓他們產生了對膠捲事業的堅持，從而錯過了從類比到數位的變革。

失敗案例②
需求突然增加，
我們應該怎麼辦？

積極參加地方社區活動的NICE HARVEST公司準備在接下來的三連休參加在河岸邊舉辦的活動。

NICE HARVEST公司準備帶著業務用烤箱在活動上擺攤，把剛烤好的麵包提供給活動參與者，但這種活動是第一次舉辦，所以無法預測會有多少人參加。

於是，麥夫他們參考了以往參加活動時的資料，準備了相應的設備、食材和人手。

但是在活動的第一天，由於人氣主持到現場採訪，使參加人數大大超過預期，光顧攤位的人數也比預計多了好幾倍。

據說人氣主持的採訪會一直持續到活動結束。第一天中午想要在攤位上買到東西，甚至需要等待一個小時。這時，麥夫他們準備的材料已經用去了一半。

我們應該採取什麼對策，才能順利度過剩下的兩天呢？

解決問題的思考方式

現場出乎意料的混亂，麥夫他們準備的食材和人手明顯不夠。即使是這種情況，具體需要改善的地方仍然不明確。

最先做的應該是掌握食材、人手、設備的缺乏狀況，確認準備它們需要的時間。流程準備可以用IPO（Input Process Output）進行，只要知道了每一程式需要花費的時間（準備週期），就能夠按順序妥當地處理。

在此基礎上，還需要考慮各要素需要補充多少。準備週期長的應優先準備，盡可能用最短的時間補足缺乏的所有東西。

但是，如果準備得太多，又會造成浪費。所以最好站在TOC（限制理論）的角度，配合要處理的瓶頸數量，準備最小限度的必要物品。

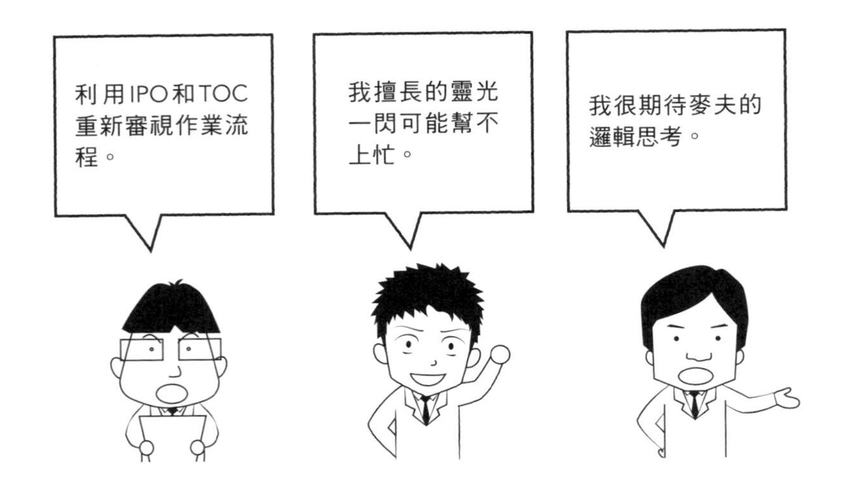

利用IPO確認作業流程

芝麻彥：「不好了，麥夫！一大堆人蜂擁而至！」

麥夫：「什麼！還有？！這才剛到中午，今天的食材就只剩一半了。而且烤麵包的速度已經快到極限了。」

小照前輩：「現在必須馬上確定對策。你們知道缺什麼東西、缺多少了嗎？」

麥夫：「如果三天一直持續現在的狀態，銷量應該會比預計增加兩倍。所以，我們需要增加兩倍食材。」

芝麻彥：「光這樣可不行。如果準備這麼多食材，那麼和麵的人、製作麵包的機器都需要加倍，不然沒辦法做出更多麵包。」

麥夫：「芝麻彥，你說得對。那麼，小照前輩，我想確認一下增加麵包食材、和麵人員以及烤箱的準備工作中，最花時間的是哪一個？」

小照前輩：「我覺得應該是烤箱。公司倉庫裡有可移動的烤箱，用卡車應該就能搬過來。不過借用手續比較複雜，需要花費一定的時間。而且，還需要向活動運營委員會提出機器准入申請。因為准入申請到晚上就不能提交了，所以可以一邊搬運一邊提交申請。如果現在就提出申請，明天早上準備好機器，中午應該就能使用了。」

麥夫：「謝謝前輩的指點。那食材和人手呢？」

芝麻彥：「這些問題不大。就是怕遇到現在這種情況，所以已經提前準備了食材，儲存在麵包工廠裡。如果用不完，還可以用在合作店鋪的麵包製作上。不過麵團容易被碰壞，還是在確定需要使用以後再送過來比較好。人員方面，因為是三連休，所以已經安排了幾個人在家裡待命，如果有需要，只要在前一天晚上打電話，第二天他們就能來幫忙。」

小照前輩：「不愧是芝麻彥，你特別擅長這種準備工作。」

芝麻彥：「嘿嘿，放心交給我吧，其實這些準備都是拜託其他人完成的。」

麥夫：「芝麻彥，沒時間得意了。小照前輩，我們三個趕緊分工一下，確保不夠的食材、設備和人員能夠及時得到補充吧。」

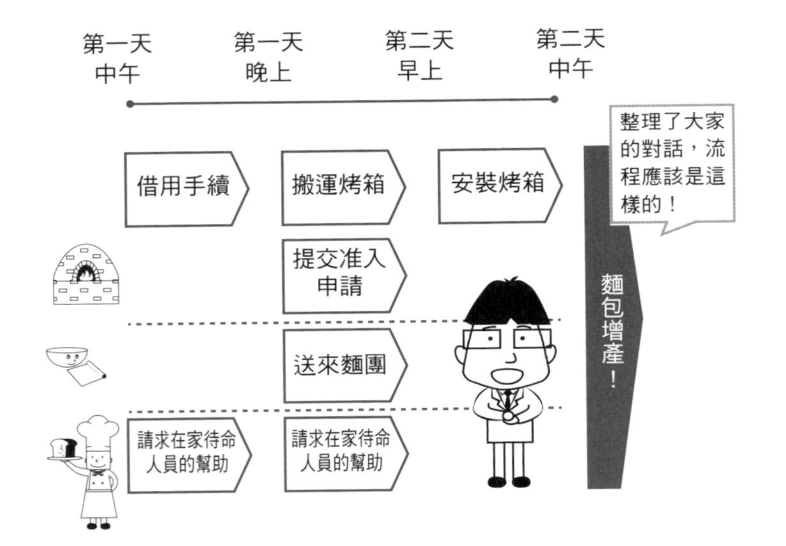

利用TOC配合瓶頸工序訂定計畫

小照前輩：「哎呀對了，雖然已經確認需要準備的食材是最初預估量的一倍，但是烤箱數量和人員人數都還沒確定吧，接下來準備怎麼辦？」

芝 麻 彥：「不好意思，我忘記告訴你們在家待命人員的人數了。一共有8人，我準備聯絡所有人，這樣可以嗎？人越多，作業的負擔越小。」

小照前輩：「芝麻彥，人太多的話，作業空間不夠。我覺得最多只能加3個人。雖然現在這裡看起來挺空的，但是有一部分空間還要放之後搬過來的烤箱。」

芝 麻 彥：「但是3個人夠嗎？光是現在揉麵的就有6個人，如果材料翻倍，那麼至少也要增加6個人。」

麥　　夫：「芝麻彥說得沒錯。如果是這樣，揉麵就會變成瓶頸工序。增加3人以後就是9個人，那麼一個人的工作量必須增加50%，否則沒辦法做出全部的麵包。」

小照前輩：「你說得沒錯。但是現在每個人都已經在拼命做麵包，要讓他們再加量50%，恐怕是不可能了。總之，只能請每個人盡全力應對了。」

芝 麻 彥：「糟了……也就是說8名待命人員中將有5人無事可做。我不應該聯繫他們所有人的。」

麥　　夫：「我做得也不夠，要是能再多考慮一下，提前進行場地談判就好了。」

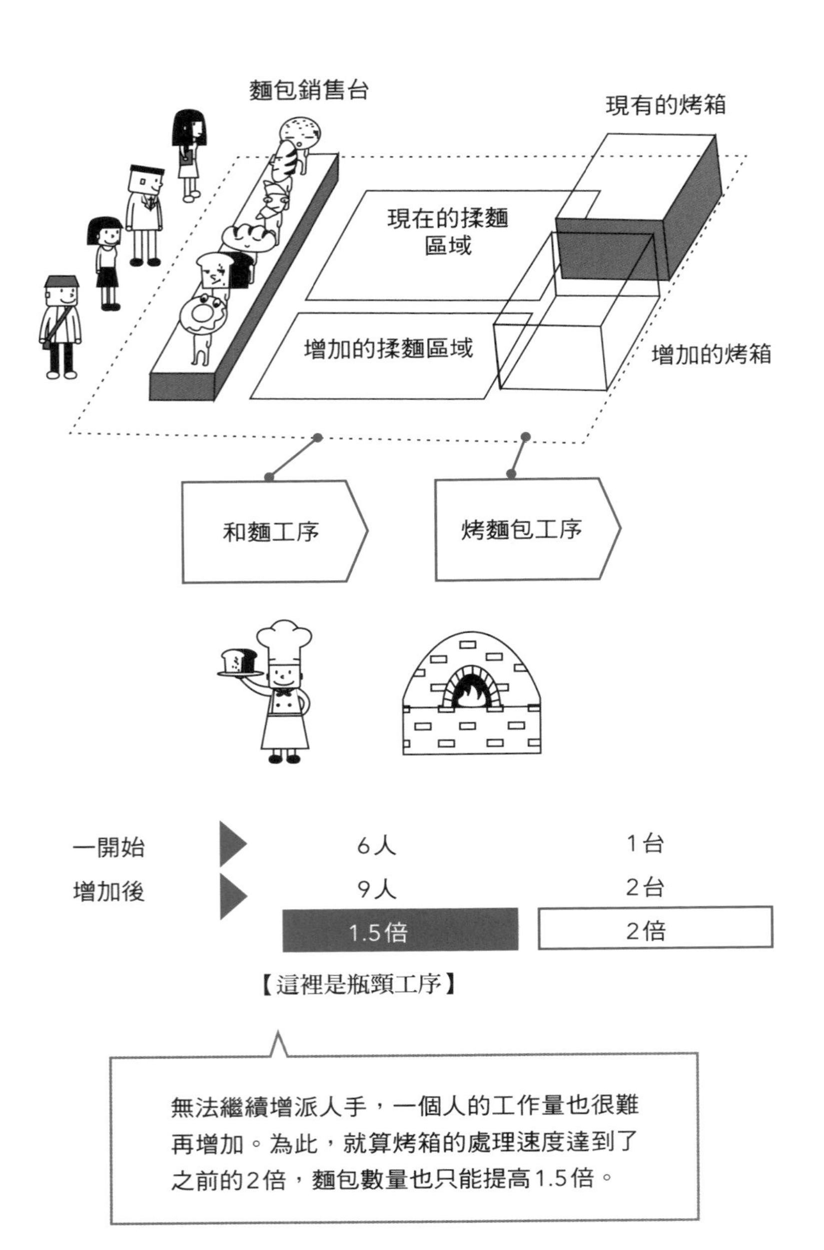
麵包銷售台
現有的烤箱
現在的揉麵
區域
增加的揉麵區域
增加的烤箱
和麵工序
烤麵包工序
一開始
6人
1台
增加後
9人
2台
1.5倍
2倍
【這裡是瓶頸工序】
無法繼續增派人手，一個人的工作量也很難再增加。為此，就算烤箱的處理速度達到了之前的2倍，麵包數量也只能提高1.5倍。

實例介紹：捐款（東日本大地震）

本案例參考東日本大地震時，管理來自世界各地捐款的故事。

2011年3月11日發生的東日本大地震給日本的東北地區帶來了極大災難。這一悲痛的消息傳遍世界各地，超過3,000億日元的捐款從各地彙集到日本。但由於管理組織不完善，導致這些錢沒能及時送到受災群眾手中。

為了高效地使用捐款，日本政府委託日本紅十字會統一管理，分配了來自日本國內和世界各地的捐款。但這次大地震是這些年來少有的重大災害，與相關機構之間的協調不斷拖延，就連捐款分配委員會也是在地震發生一個月後的4月8日才成立。

日本紅十字會雖然在4月中旬開始對受災的各都道府縣分配捐款，但是由於需要分配的金額比預計大得多，造成1,700億日元的捐款處於未被分配的狀態。

直到兩個月後，才分配完九成的捐款。

雖然有很多想要直接向地方自治體捐款的愛心人士，但由於所有的捐款必須遵守一元管理規則，自治體不能直接把錢分發給受災地區，而必須先把收到的捐款轉給日本紅十字會，再由他們決定如何分配。

主要原因是，日本紅十字會追求的不僅僅是捐款分配的速度，還需要考慮公平性，所以必須嚴格按照 IPO（Input Process Output）的流程管理捐款。

地方自治體收到分配下來的捐款後，採取的應對方法又各不相同。對比宮城縣內的自治體後發現，在受到災害影響最大的氣仙沼市，有60%的捐款對象收到了捐款，而在同一時期的仙台市，收到捐款的人員比例只有3%。

氣仙沼市政府之所以能夠迅速應對，是因為他們使用了工作人員開發的受災證明發行系統。而仙台市政府中能進行捐款發放工作的人員只有8人，而且他們使用的系統裡有很多多餘步驟，一天下來最多只能處理30件。雖然仙台市被分配到的捐款比例很高，但是截至當年7月，受災民眾只拿到了捐款總額的15%。

地方自治體內部捐款發放程式滯後，原因是需要對照受災證明發放捐款，整個過程的效率也因自治體的不同而有所差異。這一過程就是整個流程的瓶頸工序，所以等捐款送到受災民眾手上時，已經延遲了不少時日。

如果仙台市也能使用氣仙沼市的受災證明發行系統，那麼更多的受災民眾就可以早日收到捐款了。

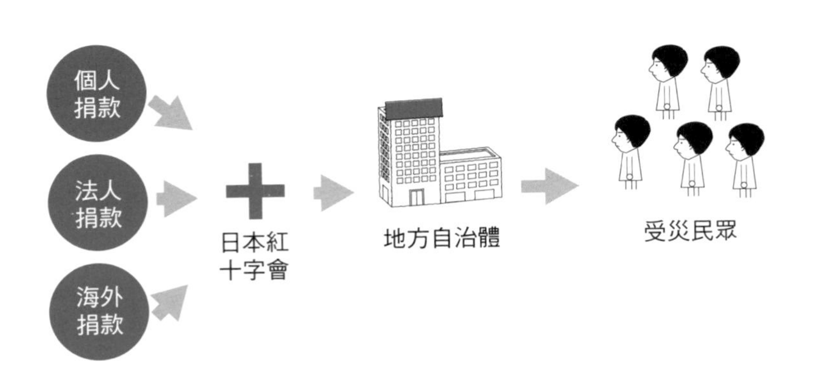

失敗案例③ 錯估價格會導致銷量不佳?!

NICE HARVEST公司的經營層裡有很多積極主動的決策人，在開設了南方國家的海外1號店後，又有了海外2號店的開店計畫。這次選擇的是中國內陸的某個大城市。由於沿海城市已經有了很多競爭對手開設的店鋪，所以這次硬是選擇了中國中部的城市來提高市場佔有率，可以說這次的經營計畫很有冒險精神。

因為當地還沒有麵包店，所以很難判斷當地的物價以及顧客的經濟條件。於是NICE HARVEST公司委託調查公司，在店面附近免費發放麵包，透過問卷調查了解顧客願意在日常生活中花多少錢購買麵包。

問卷調查結果顯示，作為當地首個麵包店，大部分人是歡迎的，除此之外，在價位方面也收集到一些資訊。可以說2號店是在準備周全的情況下開業了，但是不知為什麼麵包卻賣不出去。店鋪直接面朝城市的主幹道，人流量也很可觀，並且可以說2號店是符合當地需求及經濟狀況的。

2號店的經營為什麼會如此不順利呢？

解決問題的思考方式

店鋪經營狀況不佳的原因是什麼？是經營層的規畫有勇無謀，當地人對麵包文化不適應，還是店鋪的位置不合適？總之有很多可能，但其中最值得懷疑的是問卷調查的結果。

開店前的調查結果顯示一片好評，但從開店起銷量就不樂觀這一點來看，調查結果並不準確。

想要確認清楚這個問題，需要知道接受問卷調查的屬於哪類人群。要分析調查物件，比起用文字描述，用圖表示可以從視覺上了解，也更容易受到啟發。這時應該將結果用MECE和**文氏圖**全面地整理。

用**文氏圖**整理調查物件並且系統性地分析，也許會有新發現。用**直方圖**俯瞰所有回答者的屬性，與海外2號店的折扣活動進行對比，也許能發現意想不到的差異。

利用MECE和文氏圖了解問卷調查結果的傾向

芝 麻 彥：「在中國開設的海外2號店的銷售情況好像不太好。從問卷調查的結果看，明明是很受好評的。」

小照前輩：「既然問卷調查的結果與實際情況有明顯的差距，那只能再更加詳細地檢視問卷對象了。我想分類整理一下問卷調查的結果，應該怎麼整理呢？」

麥　　夫：「問卷調查的內容有5項：①性別；②年齡；③居住區域；④喜歡的麵包類型；⑤對該麵包的期望價格。我們按照順序分別整理吧。」

小照前輩：「①性別和②年齡可以用MECE整理成表格。我們先整理這兩項吧。」

麥　　夫：「整理後的結果如下表所示。」

芝 麻 彥：「麥夫，這個問卷調查的年齡分布很不均。一共有470人回答了問題，但是30歲以下以及60歲以上的就有375人，大約占總體人數的80%。這個問卷調查果然很奇怪啊。」

問卷調查結果

①性別 ②年齡 ▶

	男	女
20歲以下	70人	75人
20～30歲	45人	30人
30～40歲	20人	10人
40～50歲	10人	20人
50～60歲	10人	10人
60歲以上	70人	85人
未知	5人	10人

占總體的80%以上！

麥　　夫：「分布太不均勻了。接下來調查③居住區域，也許又能發現點什麼。這一問的回答有『同一地區』、『附近地區』以及『其他地區』。選擇了『其他地區』的人，還會在旁邊寫出自己來自哪裡。」

芝麻彥：「結果怎麼樣？」

③居住區域

與問卷調查回答者年齡之間的關係

同一地區（40人）
附近地區（30人）
其他地區（400人）

回答其他地區的人（400人）
30歲以下+60歲以上的人（375人）
A（60人）
B（340人）
C（35人）

芝麻彥：「那選擇了其他地區的人豈不是佔去了一大半？而且有將近九成人的年齡在30歲以下或60歲以上。怎麼看這個問卷調查的結果都很奇怪。」

小照前輩：「芝麻彥，我調查了在問卷的『其他地區』的旁邊寫下的內容後，發現大部分人來自中國的某個沿海城市。看來發問卷調查的時候，附近剛好有旅行團經過。如果是這樣，那再怎麼問喜歡的麵包或期待的價位，也是沒有意義的。」

麥　　夫：「那就需要以當地居民為物件，再做一次問卷調查。我這就去準備。」

利用直方圖檢查統計結果的分布情況

麥　　夫：「小照前輩，我們委託了調查公司，以海外2號店附近的居民為對象又做了一次問卷調查。」

小照前輩：「結果怎麼樣？」

麥　　夫：「一共有500人回答。由於問卷調查回答者的分布較為均勻，④喜歡的麵包類型和⑤對該麵包的期望價格的調查結果應該是可信的。」

小照前輩：「那我們整理一下對麵包的期望價格吧。我們可以參考調查結果決定店鋪麵包的價格。」

芝麻彥：「一個蛋糕卷的期望價格換算成日元大概在50日元左右，牛角麵包是60日元，巧克力螺旋麵包是80日元。」

麥　　夫：「其他類型麵包的價格也根據期望價格的平均值設定吧。好——這次的定價一定沒問題了。」

——一個月後——

麥　　夫：「好奇怪啊，雖然銷量變好了一點，但顧客還是不怎麼來買麵包。我們這次的定價是在問卷調查的基礎上制定的，這到底是怎麼回事？」

小照前輩：「……我們也許忽略了某個重要的事情。麥夫，一個月前的調查問卷還在你那嗎？你能馬上把對蛋糕卷的期望價格全部列出來嗎？」

問卷調查結果：⑤該麵包的期望價格（蛋糕卷）

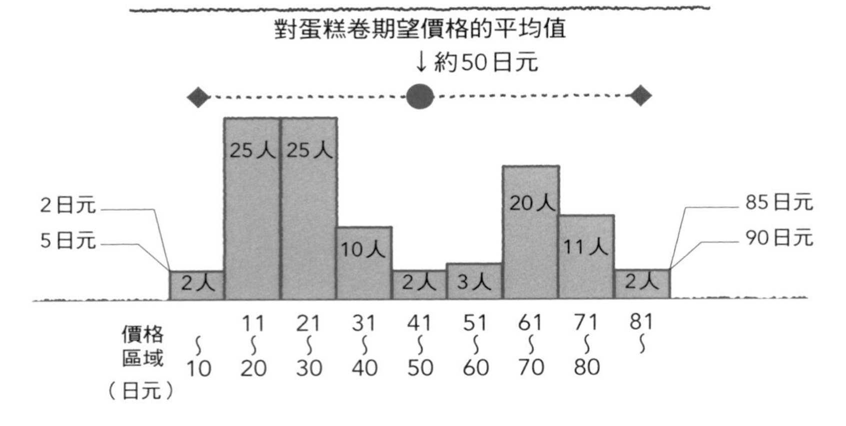

麥　　夫：「我知道了。為了方便查看，我整理成了**直方圖**。500人中有100人在喜歡的麵包這一項中選擇了蛋糕卷。回答10日元以下、81日元以上的人基本沒有。」

芝麻彥：「麥夫，海外2號店蛋糕卷的定價是50日元吧。但是看這個問卷調查，基本沒有人選擇這個價位。」

麥　　夫：「哎呀，是真的。為什麼結果這麼兩極分化？一般不是都呈山峰狀嗎？」

小照前輩：「看來這個地區的居民收入有兩極化的傾向。這樣一來，50日元的麵包對期望低價位的顧客來說有點高了，也不是追求高品質高價位的顧客期待的價格。然而我們沒有注意到這點，把價位設定在不存在的群體，是我們的失誤。」

麥　　夫：「也就是說，不能只關注平均值，還要關注結果的分布情況，我完全忽視了這點。我現在就去轉告海外2號店，讓他們把平價蛋糕卷和高級蛋糕卷添加到菜單裡。」

實例介紹：1936年美國總統選舉——《文學文摘》

本案例參考了在美國經濟大蕭條之後的1936年，預測美國總統選舉結果的故事。

在當時，通常會透過民意調查預測總統選舉的結果。《文學文摘》（*The Literary Digest*）雜誌在總統選舉的民意調查中，因為連續多次精準地預測，獲得了民眾極大信任。但後來由於一次預測失敗導致名聲掃地，甚至之後被其他公司收購。

美國總統選舉關係到一個國家之後幾年的命運，是非常重要的活動。總統不同，接下來發生的事情也會截然不同。誰能準確預測總統人選，誰提供的資訊就會受到社會的認可與信賴。因此，在新聞社和雜誌社中很流行預測選舉。

在這樣的大背景下，《文學文摘》連續5年準確預測了總統人選，被認為是最值得信賴的媒體。但是，《文學文摘》的命運卻在1936年總統選舉時發生了翻天覆地的變化。

當年的總統候選人是再次參加競選的富蘭克林・羅斯福（Franklin Roosevelt，民主黨）與實力相當的艾佛雷・蘭登（Alfred Landon，共和黨）。大部分媒體認為，羅斯福過於保守，想要幫助美國在經濟蕭條中重獲生機，能力明顯不夠，最有可能獲勝的是蘭登。

《文學文摘》收集了200多萬份獨家發行的調查問卷，結果顯示蘭登的得票率為57%，因此他們預測蘭登當選。持反對意見的是只收集3000份問卷的新興調查機構蓋洛普公司（The Gallup Organization）。

相比業界最受信賴且有著龐大資料支撐的《文學文摘》，這個新興調查機構的問卷數量只有它的1%，然而卻提供了截然不同的答案。理所當然地，並沒有多少人把蓋洛普公司的預測當回事。

但是，總統選舉卻以羅斯福的壓倒性勝利告終。48個州中有46個州支持羅斯福，得票率達到60％。

很多人都對《文學文摘》在收集了如此多的問卷後還是預測錯總統人選感到意外。但其實只要用直方圖分析回答者的分布情況，就會發現這一結果並不是沒有道理的。

《文學文摘》以自家雜誌的讀者、車主以及電話使用者為物件發放了1000萬份問卷調查，之後他們把回收到的200萬份回答進行了簡單的累加，得出了預測結果。需要注意的是，滿足上述條件的物件都是富裕群體。之前在經濟景氣的時候，富裕群體和非富裕群體之間的意見沒有多大差別，《文學文摘》的統計方法完全沒有問題。但在經濟

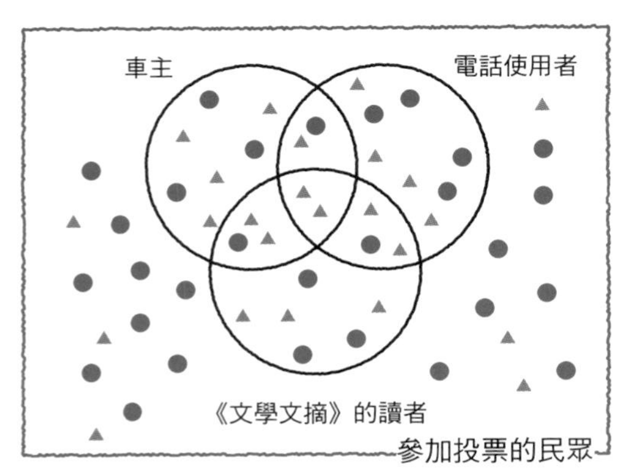

・《文學文摘》問卷調查的回答者只存在於三個圓圈之內
・雖然圓圈內蘭登的支持者有近六成，但他們只占全體選民的四成

大蕭條之後，兩個群體的意見開始分化，仍用這種方法對總統選舉進行預測就不再準確了。

另一方面，蓋洛普把調查對象按照收入水準、居住地區、性別等要素進行了組合和分類，並按照一定比例從每個小組選出一定人數（共計3000人）作為分析物件。他們的預測方法，是透過分類使調查物件更加接近全體選民的比例構成。

失敗案例④ 為什麼會被別人的思考影響？

半年前，亞洲各國的麵包廠商聚集在一起成立了泛太平洋麵包協會（簡稱：PP麵包協會），成立這個協會的目的是統一亞洲麵包廠商的標準，亞洲最大的國際性麵包廠商宏軟麵包和其他幾家公司是創會成員。只要能成為其中一員，就有資格限量製作在麵包界頗負盛名的亞洲麵包。

前幾天，PP麵包協會向NICE HARVEST公司伸出了橄欖枝，因為NICE HARVEST公司之前銷售的美容麵包受到了高度評價。

儘快加入PP麵包協會，就能取得亞洲麵包的優先製作權，而且PP麵包協會的影響力越大，公司獲得的收益就越大。但是，一旦選擇退出協會，就需要支付一大筆罰金。如果表面上還屬於協會，事實上是退會，也不被允許。從協會內部進口食材時，會被強制要求達到一定的銷售份額（上一年年銷售額的10%），所以公司內部也有一些意見表示，如果沒有保證銷售額持續增長的信心，還是放棄此次入會比較好。

本來應該在經過充分考慮後再做決定，但是PP麵包協會表示：「如果你們不接受邀請，我們會邀請你們的競爭對手入會。」得知此事後，著急的經營層當場就決定加入PP麵包協會。

等到真正入會後，NICE HARVEST公司才得知令人震驚的事情。已經率先加入協會的公司可以制定有利於自己的規則，他們需要承擔的進口食材的銷售份額也更少。這樣下去，加入協會所帶來的負面影響很可能會大過積極影響。

我們能不能以更為有利的條件加入PP麵包協會呢？

解決問題的思考方式

NICE HARVEST公司已經接受了對自己不利的條件，其實換個做法，或許能以更為有利的條件加入PP麵包協會。

一開始，NICE HARVEST公司面臨的選擇就很困難。無論參加與否，都有無法令人忽視的不利因素。這種情況下，很容易讓人產生「選擇哪個更好」的想法。但正因如此，我們才應想到**兩難推論**的框架，集中兩個方法的優點，試著提出折衷方案。

需要注意的是，就算想到折衷方案，如果對方不接受也毫無意義。因此，還需要用BATNA/ZOPA法整理，掌握談判的主導權。

談判無法順利進行的絕大多數原因，是沒能充分掌握對方的資訊。如果你知道談判決裂時對方將採取的行動，那麼你就可以提前做好準備，擊破對方的對策，令其接受自己的主張。

對比兩種方案，擺脫進退兩難的境地

小照前輩：「雖然是否參加PP麵包協會是我們的自由，但無論怎樣選擇，背後都隱藏著巨大的風險。一旦做出選擇，公司就會陷入進退兩難的境地，這就是我們失敗的原因。」

麥　　夫：「我們加入PP麵包協會時的不利因素是什麼呢？」

芝 麻 彥：「我來告訴你吧，一想起來，我就覺得生氣。雖然亞洲麵包真的好吃，但是他們居然要求我們採購公司上一年銷售額10%的量，簡直就是暴行。而且PP麵包協會的創會成員不需要遵守這個條件，這根本就是壓榨體制。」

小照前輩：「芝麻彥說得沒錯。即使規定我們必須基於上一年的銷售額進貨，賣出亞洲麵包的實際銷售額也很難達到銷售總額的10%。我們的招牌麵包美容麵包也只能賣到10%。」

芝 麻 彥：「如果那時我們沒有加入PP麵包協會，現在會怎樣呢？」

麥　　夫：「不參加的話，就不需要接受這種不公平的分配。今年的銷售應該能保持現有水準，既不會盈利也不會有什麼損失。」

小照前輩：「麥夫，你這麼說就不對了。如果我們不加入PP麵包協會，就會被我們的競爭對手取而代之。如果競爭對手擁有我們沒有的商品，對我們來說也是不利的。」

麥　　夫：「那樣就不太好了。兩家公司本來就不相上下，怎麼能輸在這裡呢。」

芝 麻 彥：「也就是說，我們不得不加入PP麵包協會？我們不能輸給競爭對手，如果能賣亞洲麵包，銷售額一定會增長的。」

小照前輩：「麥夫和芝麻彥説得都有道理，但是能不能對比兩個方法，從中得出改善方案呢？」

麥　夫：「如果加入協會，就有亞洲麵包庫存過多，導致虧損的風險。如果他們分配了會導致我們庫存過多的份額，我們就應該在談判之初，做出要退出的姿態。」

芝麻彥：「如果在談判過程中提出退出，那麼從結果上看，和直接拒絕加入協會是一樣的。如果沒有準備好下一步，我們的弱點就會被抓住。我們需要制定一個作戰計畫，讓我們的退出能在一定程度上打擊PP麵包協會。」

小照前輩：「是的，比如説開發出一種能與亞洲麵包抗衡的新麵包，或者成立一個能與PP麵包協會抗衡的組織。又或者，如果我們不參加，PP麵包協會就無法發展下去，等等。如果能在談判前多想想這些，也許就能以更有利的條件加入協會了。」

	加入協會	不加入協會
有利因素	銷售亞洲麵包可以帶來銷售額增長。	無法銷售亞洲麵包，目前的銷售額不會有什麼變化。
不利因素	如果不能完成亞洲麵包的銷售份額，可能會受到懲罰。	如果以後協會發展壯大，很可能會被競爭對手趕超。即使那時再加入協會，能分到的利潤也很少。

第三方案

提出自己的方案，改變當前形勢，使NICE HARVEST公司的退出會讓PP麵包協會帶來損失，從而站在談判有利一方。

利用 BATNA/ZOPA使對方讓步

麥　　夫：「雖然有點晚了，但是我調查了PP麵包協會下的成員公司。最開始，成員們是以共用人氣麵包的烘焙方法為目的聚集在一起的。但是當世界聞名的宏軟麵包加入以後，協會就漸漸變成了以擴大亞洲地區銷量為目的的組織，對銷售份額的規定也是從那個時候提出的。」

小照前輩：「也就是說，有一些成員會因為方針的變化感到不滿吧。」

麥　　夫：「是的。雖然各成員公司的話語權本應相同，但事實上無法忽視企業規模之間的差距，所以現下大家只能對宏軟麵包言聽計從。」

芝 麻 彥：「如果是我，一定會選擇和這種令人火大的傢伙對著幹。好想做一些讓宏軟麵包頭疼的事。」

麥　　夫：「事實上，很多成員都在背地裡說宏軟麵包的壞話。還有一些成員認為，之所以沒有新成員願意加入，是因為銷售份額過於嚴苛。但是，這些成員都是小公司，所以都在避免正面衝突。」

小照前輩：「麥夫，這可能是我們的一個機會。因為舊成員和新成員都對這件事抱有不滿，我們公司可以把雙方的不滿整理在一起，形成其他所有成員公司與宏軟公司抗衡的格局。」

麥　　夫：「我聽說舊成員的銷售份額是4%，考慮到這些公司的利益，如果我們要求入會條件是比4%稍多一點的份額，他們應該會同意我們加入。」

小照前輩：「考慮到我們公司的發展速度，如果將份額定在6%，就不需要承擔庫存過多的風險。這樣一來，我們的談判區間應該在4%～6%。除此之外，還要給對方留點面子，我們可以主張只接受5%以下的份額，如果他們不同意，就把這種蠻橫的條件告訴那些還未加入的企業。這樣一來，宏軟麵包應該會鬆口。」

芝麻彥：「是啊，如果我們光想著擊潰對手，而忘記保全對方的面子，那麼事後兩家公司之間必然會留下芥蒂。要是在談判的時候能考慮到這些就好了……」

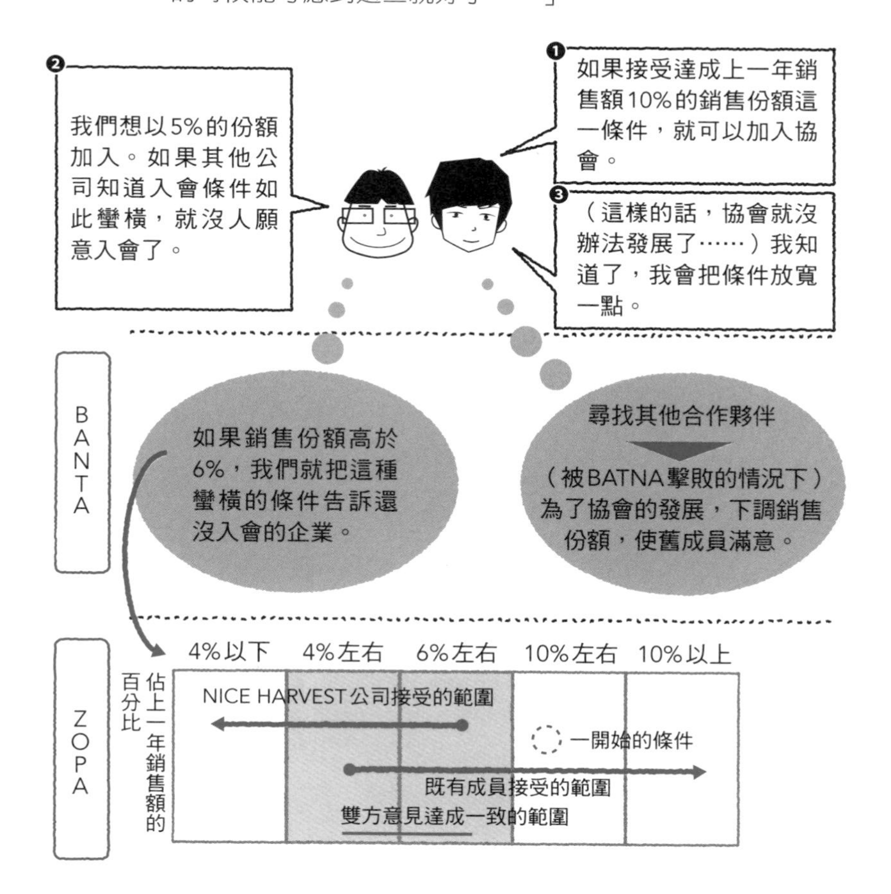

實例介紹：TPP談判（跨太平洋夥伴關係協定）

本案例參考日本加入跨太平洋夥伴關係協定（Trans-Pacific Partnership Agreement）談判（簡稱：TPP談判）時的故事。TPP談判一旦達成，幾乎所有的日本產業都需要轉型為美國式利益至上主義的經營方式，包括日本經濟與文化在內的社會構造也會越來越接近美國，而這個改變帶來的影響是好是壞，我們不得而知。

2011年10月，日本野田首相指示政府推進TPP談判後，由於TPP談判帶來的衝擊巨大，各媒體都大幅報導，引發社會熱議。TPP推進派對有利因素中的社會結構改革抱有很大期望，而更多人認為不利因素占壓倒性地位。雙方的爭論如同兩條平行線持續不斷。

大部分TPP推進派認為，不加入TPP協定，就沒辦法判斷其內容的好壞。而另一方面，一旦加入談判，就很難從談判桌上離開了。這就是當時日本面臨的兩難境地。

但是從迄今為止的媒體報導以及相關國的發言來看，2012年之後美國的BATNA/ZOPA越來越清晰，談判方式應該也會隨之產生變化。

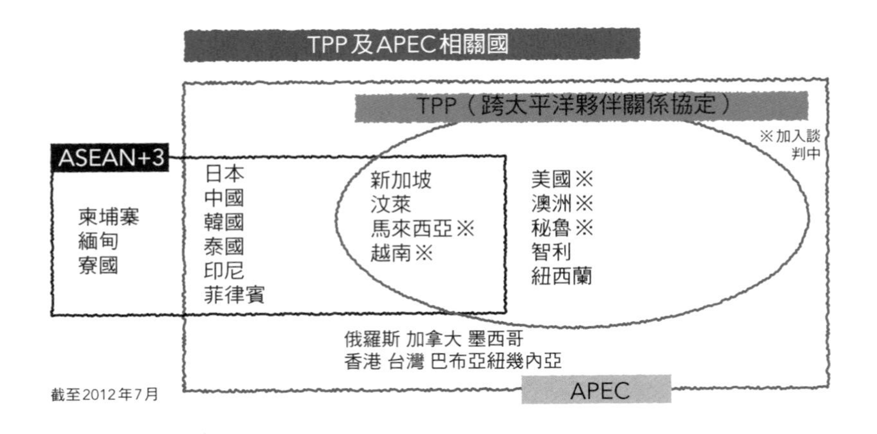

	不利因素	有利因素
經濟	・工廠會加速向成本低的海外轉移，大量就業者會因此失業 ・海外資本大舉進入公共事業，加速當地產業低迷與衰退 ・海外資本流入國內支柱產業，相關領域的人才與技術隨之流出海外 ・郵政儲蓄、簡易人身保險、互助事業被海外資本收購，超過數百兆日元的資金使用權將會被控制	・已在國內有據點的國際性企業會由於關稅廢除、海外勞動力流入增強自身的競爭力 ・包括國家管制產業在內的所有產業會爆發結構改革 ・TPP會從經濟方面助力日美同盟，與美國的外交關係將向良好方向發展 ・海外資金的流入將加速新事業抬頭
農業	・一直以來被關稅保護的國內農作物（米稅為778%）的銷售額會由於關稅的廢除大幅度下降，農業衰退會帶來失業問題以及食品安全問題	
醫療	・國民健康保險比例下降、藥品價格更新導致的價格高漲，將使公共醫療制度崩壞 ・經濟差距擴大導致醫療方面的損失擴大	・勞動市場的流動性與競爭力提高，形成培育成果主義的土壤
勞動環境	・大量辭退生產力低的員工，非正式員工的雇用量增加 ・貧富差距擴大，導致生活品質下降	

後　記

活用思考方式和框架，將其變成商業技巧

本書中共登場了三大思考法（邏輯思考、水平思考、批判性思考），我們不能認為只強化其中一種就大功告成了。如果拘泥於邏輯思考，做事會缺乏靈活性；太過在意水平思考，就會變得熱衷於尋找新奇新穎的方法；而過於重視批判性思考，又會變得缺乏效率。

希望透過本書案例（第2章、第4章）中麥夫、芝麻彥和小照前輩的做法，讓更多人明白只有當這三大思考法處於很好的平衡時，才能幫助我們找到最好的解決方法。

當認識到自己的思考方式可能偏向於其中一種，就要試著用更平衡的方法解決工作、生活中的問題。希望大家能透過本書，認識到自己在思想上的偏頗。

同時，請深入地了解商務思考框架。我在我的上一本書《熟練掌握思考框架》中反覆提到過，前人覺得有用的、能幫助我們解決問題的想法集合（最佳方法），就是思考框架。難得有這種能讓我們高效思考的框架，應該試著利用它提高我們解決問題的速度。如果能成功節省時間，那就可以用利用省下的時間挑戰其他的未知。

本書在第3章介紹了一些可以搭配思考方式使用的框架，並在第4章介紹了具體的使用方法。其實還有很多其他的方法也被稱為商務思考框架，特別是在市場交易中專用的一些思考方式，或是基於業界常識的思考方式，都已經成為標準性的做法，能幫助我們儘快地獲得相關方的首肯。

如果只知道框架是什麼而不加以運用，就只能停留在理論層

面，所以一定要結合具體事例一起學習，從而使這些框架成為幫助你加快思考的武器。如果你想進一步了解，可以翻翻我的上一部作品《熟練掌握思考框架》。

解決問題的主要框架			提高作業效率的框架
發現問題時使用的框架	分析課題時使用的框架	評價並解決問題時使用的框架	
水平角度和垂直角度			
站在相互關係的角度上			
站在時間數列的角度上			

[本書]

解決問題的三大思考法
（熟練掌握商務思考方式）

熟練掌握思考框架

掌握解決問題時需要的邏輯思考、水平思考、批判性思考方式的基礎並進行運用。

其次，列舉了22個能幫助你提高思考效率的常用商務思考框架，並透過案例教你學會使用這些框架。

作為解決問題的最佳方法，從發現問題、分析課題、評價並解決問題、提高作業效率這幾個方面介紹了12種（共46個）商務思考框架。

並且教大家將多個商務思考框架搭配使用，學會製作自己的原創思考框架。

國家圖書館出版品預行編目（CIP）資料

解決問題的三大思考法：交叉使用邏輯思考、水平思考和批判性思考,快速破解各種職場難題 / 吉澤準特著；張禕諾譯. -- 初版. -- 臺北市：日出出版：大雁文化發行, 2020.08
面； 公分
譯自：ビジネス思考法使いこなしブック
ISBN 978-986-5515-22-5 (平裝)

1.職場成功法 2.思考

494.35 109010671

解決問題的三大思考法
交叉使用邏輯思考、水平思考和批判性思考，快速破解各種職場難題

ビジネス思考法使いこなしブック
BUSINESS SHIKOUHOU TSUKAIKONASHI BOOK

作　　者　吉澤準特
譯　　者　張禕諾
責任編輯　李明瑾
協力編輯　邱怡慈
封面設計　Sandy
發 行 人　蘇拾平
總 編 輯　蘇拾平
副總編輯　王辰元
資深主編　夏于翔
主　　編　李明瑾
業　　務　王綬晨、邱紹溢
行　　銷　陳詩婷、曾曉玲、曾志傑
出　　版　日出出版
地址：台北市復興北路 333 號 11 樓之 4
電話（02）27182001　傳真：（02）27181258
發　　行　大雁文化事業股份有限公司
地址：台北市復興北路 333 號 11 樓之 4
電話（02）27182001　傳真：（02）27181258
讀者服務信箱 E-mail:andbooks@andbooks.com.tw
劃撥帳號：19983379　戶名：大雁文化事業股份有限公司
初版二刷　2022 年 8 月
定　　價　420 元

I S B N　978-986-5515-22-5
Printed in Taiwan